犬の気持ちがわかれば しつけはカンタン！

日本訓練士養成学校 教頭 藤井 聡

日本文芸社

なになに?
呼んだ?
いっしょに遊ぼうよ!
散歩?
フセできるよ!

INTRODUCTION

はじめに

「明るく無邪気で、かわいい犬といっしょに暮らしたい！」

そんな夢を抱き、気軽に犬を飼う人たちが増えています。犬との生活は、楽しいだけでなく、私たち現代人の心を癒してもくれる、とても貴重な体験です。

たとえば、公園を散歩しているとき、ベンチに腰かけて読書をしている飼い主の足元で、犬が伏せておだやかな表情をしている光景に遭遇したとしましょう。そんな飼い主と犬の様子は、それを見た人たちにも、落ち着いた気持ちを与えてくれます。

人と犬の共生は、1万年以上前にはじまったといわれますが、長い間、人と犬がパートナーであり続けることができたのは、やはりお互いが必要な存在だからでしょう。

しかし現在、安易な気持ちで犬を飼いはじめた結果、その選択を後悔している人たちがいるのも事実です。なぜ、そのようなことになってしまうのでしょうか。

それは、犬をかわいがるあまり、犬の意思を尊重し、彼らの欲望行動を満たしてしまうのが大きな原因。犬は自分の要求が叶えられると、だんだん自分がリーダーだと認識するようになります。その結果、勝手に行動するわがままでボス的な犬ができあがってしまうのです。

犬が本来もつ生理や本能、習性を理解したうえで、正しい「しつけ」と「訓練」に取り組めば、かならずよい関係を築くことができます。飼い主がリーダーとして君臨すれば、さまざまな問題行動は解決するのです。

本書が、豊かで潤いのある犬との生活のためにお役に立てることを願っております。

藤井　聡

基本のしつけでおりこうワンコ

犬が自分から飼い主に従いたくなるのが「しつけ」です。
愛情をもって接し、信頼関係を築きましょう。

「ホールドスティル」で、
人に従順な、かまない
犬になります。

「オテ」は
ワンコの
入門ワザだね！
「スワレ」は
得意だよ！

体をさわる「タッチング」
のしつけで、落ち着いて
お手入れされる
ワンコに。

「フセ」は、
わがまま犬が苦手な
服従訓練のひとつ。

場所を決めた「マテ」
ができると
お出かけにも
便利。

上手にお散歩

散歩は絶好のしつけの時間です。
人の横にぴったりとついて歩けるように練習しましょう。

人が右側、
ワンコは
左側について
歩きましょう。

散歩を通じて、
犬は飼い主との
関係や多くの
ことを学んで
いきます。

飼い主が
リーダーシップを
とって歩きます。

飼い主さんと
信頼関係で
結ばれている
ことが大切。

おうちでよいワンコ

室内では、放し飼いではなく「ハウス」で過ごさせましょう。
そのほうが犬も安心して休息できます。

トイレはサークルを
使って練習するのが
成功への近道です。

ハウスは周囲が
囲まれているので、
ワンコが安心できる
スペース。

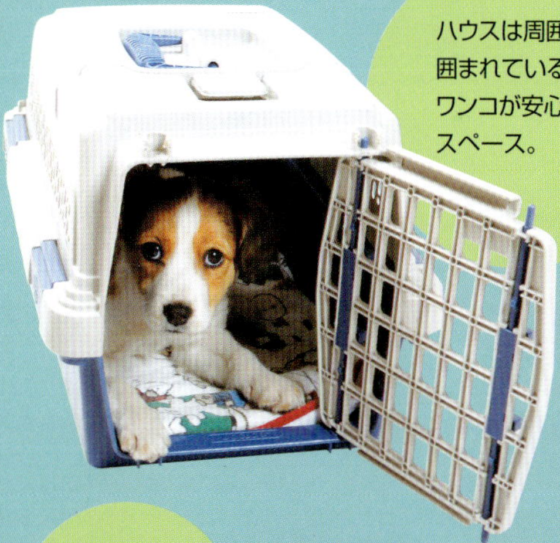

ワンコとの
くつろぎタイムは
最高のひととき。

引っぱりっこをして
遊んだら、最後は
人が取りあげて
終了します。

外で遊ぼう！

走ったり、ボール遊びをしたり、自然の中で元気に遊びましょう。
遊びを通して信頼関係が深まります。

フライング・
ディスクは、
はじめはディスクに
ならす練習から
スタート。

投げたボールを
持ってくるのは、
また投げてもらえるのを
知っているから。

海や川へ、
いっしょに
出かけましょう。

思いっきり
走りまわるのが
大好き！

犬の気持ちがわかれば しつけはカンタン！

もくじ

CONTENTS

Part 1

犬が自然に飼い主に従うコツを教えます

ワンコと人の快適生活

Part 2

どんな犬もみるみる大変身します！

3大しつけ法でおりこうワンコ

Part 3

とにかくはじめが肝心！

子犬のしつけマニュアル

C O N T E N T S

Part 3 とにかくはじめが肝心! 子犬のしつけマニュアル

積極的にいろいろな体験を! 家にきて2週目からのしつけ

街へ公園へどんどん出かけましょう! 生後3か月からのしつけ

Part 4 困った行動をなんとかしたい! トラブルを解決するアイデア

Part 5 スワレ・フセ・マテ……。訓練&スポーツをマスター

CONTENTS

Part 6

このワンコとどうつきあう?

犬種別 しつけのポイント

Part 1

犬が自然に飼い主に従う
コツを教えます

ワンコと人の快適生活

家族となかよく暮らすワン! 幸せワンコの７つの目標

幸せな犬とは、生活の基本をきちんと身につけさせてもらった犬のこと。いっしょに暮らすパートナーだからこそ大切なことなのです。

共同生活の基本7か条

犬は家族の一員です。これから長い間、ともに過ごしていく中で、お互いにストレスを感じずに、楽しく生活していくためには、きちんとしつけをしておくことが肝心。これから紹介する7つの目標をクリアできれば、まちがいなく誰からも愛される、幸せな犬になれます。

もともと頭の悪い犬はいません。しつけのいきとどいた犬になるか、手のつけられないわがまま犬になるかは飼い主さんしだい。「この犬と暮らしてよかった!　この飼い主さんでよかった!」と、毎日を笑顔で過ごせるよう、7つの目標をしっかりと胸に刻みつけておきましょう。

目標1 飼い主のいうことをきく

呼べばくる。むだ吠えをしない。人をかまない。悪いことをしそうになったときは、飼い主の制止に従う。飼い主のいうことをきちんときけるかどうかは、犬と人間がいっしょに暮らしていくうえで、いちばん重要なことです。この基本さえしっかりできていれば、愛犬との生活がうまくいくことは約束されたも同然。でも、なにごとも基本がいちばん難しいのです。犬をめぐるトラブルのほとんどは、この基本ができていないことから起こります。

目標 2 トイレがきちんとできる

決められた場所できちんと排泄。この目標がクリアできれば、犬との生活はグンと快適になります。トイレのしつけは、はじめの数週間が勝負。飼い主がしっかり排泄を管理しましょう。

目標 3 散歩が上手にできる

犬がぐいぐいリードを引っぱって飼い主さんがあとからついて歩く。よく見る光景ですが、上手な散歩はしつけの基本。犬は飼い主の横にぴたりとついてお散歩しましょう。

目標 4 留守番が上手にできる

飼い主がいないときは、ハウスでおとなしくお留守番。帰ってみると部屋はぐちゃぐちゃ、おまけにオシッコやフンが……という状態では、安心して出かけられません。

目標 5 上手にグルーミングをさせる

ブラッシング、つめ切り、シャンプー、歯みがきなど、健康のためにも身だしなみが大切です。おとなしくお手入れされるワンコは、きれいで愛される犬になれるでしょう。

目標 6 ほかの犬となかよくできる

よその犬とすれちがうたびに、ワンワン、キャンキャンでは困りもの。公園デビューもままなりません。愛犬には犬同士も友交的でいてほしいですね。

目標 7 飼い主以外の人にも友好的である

誰かれかまわず吠えたり、飛びつく犬はいませんか？　家族とよい関係であるのはもちろん、近所の人、友人や親戚など、みんなにかわいがられる社交的な犬にしつけましょう。

しつけの重要性

いうことをきくのが「しつけ」。わがまま犬は不幸なワンコ

「しつけ」を行なうのは、犬と人間が快適に暮らすためです。
犬が飼い主をリーダーと認めることで、自然と身につきます。

人と犬が幸せに暮らすために

「しつけ」はなんのために行なうのでしょうか。

犬を飼うということは、人間社会の中で犬が生きていくということ。社会にはルールがありますが、犬は社会のルールを理解できません。

家族やまわりの人に迷惑をかけず、人と犬が快適に暮らしていく。そのためには、犬にルールを教え、守らせる必要があるのです。

犬が飼い主をリーダーと認め、飼い主のいうことをきちんときくこと。これが「しつけ」の基本です。犬が飼い主に従うことができれば、家庭や社会のルールを守らせることができるのです。

「しつけ」とは、スワレやマテを覚えさせるトレーニングとは本質的に別ものです。

飼い主に従順な犬に育てましょう。

犬がボスになる権勢症候群とは

もともと犬は、群れで生活する動物です。群れには順位があり、下位のものは上位のものに絶対服従するのがルール。

犬は飼い主の家族を群れの仲間だと思っています。だから、飼い主が犬のわがままをきいていると、犬は自分がボスだと勘ちがい。こうなると、飼い主（下位のもの）のいうことはききません。

●わがまま犬はストレスだらけ

群れを先導しているつもりで散歩では飼い主を引きずりまわし、家では領域を守ろうと何かにつけて吠えたてる。つねに権勢しているので、わがまま犬はストレスがたまります。

こういう犬の状態を「権勢症候群《けんせいしょうこうぐん》」といいます。わがまま犬はボス的存在でありながら、飼い主がいなければ、エサを食べることも、散歩に行くことも何もできません。それらがフラストレーション（欲求不満）になり、ストレスが倍増します。

犬には服従本能があるので、頼りがいのあるリーダーに従うほうが幸せです。そうすればのんびり楽しく、長生きできます。

しつけの根本は「人が頼りがいのあるリーダーになる」こと。しつけを行なうのは、なにより犬のためなのです。

わがまま犬は実は疲れる…
ボクの家族は頼りないから…
守ってあげないといけないんだワン！
散歩のときはぐいぐい引っぱって
先を歩いてあげないといけない!!
グイ
グイ
人がきたら吠えてなわばりと群れを守らなきゃいけないし！
ワン
ワン
ダーッ
お客さんでしょ！
ウ〜…
勝手にさわろうとするやつの威嚇《いかく》もしないといけないんだ！
ボスはいろいろ気をつかうから、けっこうストレスたまるんだ…
ふぅ…
ほらごはんの時間だぞ！
エサ！早くくれ!!
ワン！
となりのラブはご主人がりっぱだからうらやましいワン…
ヨシ
コイ！
…
アイツは気楽で幸せそうだなぁ…

ワンコMEMO

犬は人の大切なパートナー

犬と人間は1万年以上も前から助けあって暮らしてきました。犬は狩りの手伝いや番犬として人間の役に立ち、人間は仲間である犬に、食べものを分け与えていたのです。

現代でも、盲導犬や災害救助犬をはじめとする働く犬たちに助けてもらったり、犬の愛らしい姿に癒されたりしています。犬は人にとってかけがえのないパートナーなのです。

リーダーシップをとる方法

なんでもいうことききくワン！犬が自分から従うコツ

リーダーは人間です。しっかりとした主従関係を築くことで、犬の服従本能は強化され、家族みんなに喜んで従います。

人間が頼もしいリーダーになろう

昔から群れで生活してきた犬の祖先たちは、上下関係がはっきりしているため、リーダーと認めたものに喜んで従う服従本能があります。

飼い主が頼もしいリーダーであることを示すには、いつも毅《き》然《ぜん》とした態度で犬に接すること。「家族の一員なんだから、なんでも人間と同じに」というのは、人間の側のエゴ、幻想です。群れの中の順位に従って生きる習性のある犬にとって、主従のはっきりしない飼い主の態度は混乱のもとなのです。

犬は家族のいちばん下

犬は自分より下位、あるいは同等に近いものの命令には従いません。犬のしつけをスムーズに行なうためには、子どもを含めて家族全員の順位が犬よりも上でなくてはなりません。小さな子どもの場合は、家族みんなで大切にしているところを犬にしっかり見せたり、優先的に行動することで、自分よりも順位が上だと理解します。

犬は家族の末っ子、順位はいちばん下です。犬のペースにあわせるのではなく、つねに人間が主導権を握るようにしましょう。

うちの家族は頼れるリーダー
ラブ！
うちの家族は
みんな
落ち着いていて
頼れる
リーダー
なんだワン
ボクはみんなに従えば
いいからとっても安心♪
散歩だってリーダーは
正面を見てサッサと
歩くよ
サッ
サッ
吠えてもムシ！
さみしくないかって？
いいえ！
ホレボレするワン
…
ワン
ワン
マテ！
ヨシヨシ
従うとほめて
くれるから
うれしいワン！

リーダーシップをとるための5か条

1 犬の要求に従わない

エサや散歩、遊んでほしいなどと吠えて要求する場合は、ひたすら無視。一度応じると味をしめてしまいます。主導権は犬ではなく人にあることをわからせましょう。

2 なんでも人が先

食事は人が先にすませる。食べているときは犬を無視します。家から外に出るときも、まず人が先。「なんでも人が先」を徹底することで従属性が養われます。

3 人より高い位置に犬を上げない

ベッドやソファなど、高くて居心地がいいところはリーダーの居場所です。犬がじゃまな場合は、避けずに、どかせること。避けているとボス意識を育ててしまいます。

4 おおげさに話しかけない

犬の社会ではリーダーは寡黙《かもく》。ネコなで声や甲高い声で話しかけるのは、人が下位だと示しているも同然。過剰に話しかけるのは、主従関係をあやふやにする行為です。

5 人が犬を見るのではなく、犬が人を見るようにする

ボスの命令にすぐ反応できるように、下位の犬はつねにリーダーを注目しているもの。人が犬をいつも見ていると、自分がリーダーだと勘ちがいさせることになりかねません。

たった1回の体罰でも、一生ずーっと忘れないワン！

うまくできたらほめる、悪いことをしたら叱るのではなく無視をする。これがしつけのポイントです。体罰は人間不信の原因になります。

「ほめる」「無視する」がしつけのコツ

しつけやトレーニングのとき、うまくできたら、そのつどほめてあげましょう。犬にとって上位のものにほめられるのは、なによりのごほうび。ほめるときには、「よしよし」と声をかけながら、犬をなでましょう。

叱るときに体罰は絶対にダメ。一度でも体罰を与えると犬は一生忘れません。一時的にいうことをきいたとしても、人を信用しなくなります。

悪いことをしたときは、声をかけずに無視。群れで行動する犬にとって、無視されるのはなによりもつらいこと。犬社会では上位の者は下位の者によけいな注意を払いません。無視されることで犬は自分がリーダーでないと再認識するのです。

ほめられるのは、犬にとってとてもうれしいこと。

正しいほめ方

犬の目を見て、「いいこ」「よしよし」など、声をかけながら体をなでます。

ポイント

大きな声ではなく、落ち着いた態度と声でほめること。ほめているときは、犬が人を見ていることが大切です。

悪いほめ方

犬をぎゅっと抱きしめたり、大きな声とリアクションでおおげさにほめるのはダメ。犬がかえって興奮してしまいます。

WAN WAN アドバイス 家族でルールを決めておこう

「あれれ、お父さんはいいっていったのに、お母さんには怒られちゃった……」。こんなことにならないように、しつけのルールをあらかじめ家族で話しあっておきましょう。

しつけは家族全員で行なうのが原則。いうことや態度が人によってバラバラだと、犬が混乱してしまいます。

ソファに上げない、ベッドでいっしょに寝ないなどルールを統一すること。

正しい叱り方

だまって無視する

犬は群れで生活する動物なので、無視されるのはとてもつらいことです。犬が悪いことをしたときは、無視するのがベスト。声をかけず、目を見ないで、犬の存在を無視します。

天罰方式

体罰は厳禁ですが、「これをするとイヤなことが起こる」という天罰方式は効果的。このとき、犬を見ず無言で行なうことが大切。犬と目があってしまうと敵対し、天罰ではなく体罰になってしまいます。このほか、P109のキャスターを使うもの、P110のマットを使うものなどが天罰方式です。

ペットボトルを犬の近くに投げます。

水で2倍に薄めた酢を犬の上方にスプレーします。

リードできゅっ!

犬にリードがついているときは、リード方式がおすすめ。リードを引くのも天罰方式の一種です。犬が悪いことをしたり、しそうになったら、無言でリードがゆるんだ状態からきゅっと引いて犬の首にショックを与えます。このときも、犬を見ないで敵対しないことが大切です。

一瞬リードをゆるめてから

きゅっと引きます。

悪い叱り方

●大声で叱る

大きな声でおおげさに騒ぎたてて犬を叱る方法は、いちばんありがちですが、まちがった叱り方。犬は応援されていると勘ちがいしたり、注目を浴びることがうれしいので、逆効果です。

●説教する

「もう、ダメって言ったでしょ。だいたいおまえは……」などと、えんえんと話しかける人がいますが、犬は理解できません。

●体罰

ぶったり、ぶつしぐさをするなど、体罰は絶対にダメ。人を信用しない犬になったり、おびえるようになることもあります。

WAN WAN アドバイス 犬の個性を尊重する

犬にもそれぞれ個性があります。犬種ごとの性格の傾向もありますが、同じ犬種でも、気質の強い犬、弱い犬などさまざま。

愛犬の性格を見きわめ、個性に合わせてしつけやトレーニングを行ないましょう。

気質が強い犬は、声がけを控えましょう。声をかけられると、どんどん興奮してしまいます。しつけやトレーニングは目をあわせず、無言でやるのが効果的。

気質が弱く臆病な犬は、声をかけて気分を高めてやります。ただし、おびえている場合は、声がけすると恐怖をあおることになるので要注意。

室内飼いのすすめ

玄関先でつながれている犬はむだ吠え、かみぐせがトップ

犬にとって家族は群れの仲間。いっしょに過ごせる室内で飼うのがおすすめです。室内飼いだと犬の気持ちが安定し、問題行動も軽減します。

玄関先は落ち着かないワン
ボクの小屋はココにあるよ
シバ
人が通った！あやしいぞ!!
ワンワン
シバ
ココはボクのなわばりだぞ!!
ワンワン
シバ
ナニしにきた!!!
ワンワン
シバ
配達だよ
ふう。見張りの仕事は疲れるワン
あ〜あ、ゆっくり休みたいよー

犬は家族といっしょが好き

犬を飼うには室内飼いをおすすめします。以前は玄関先に犬をつないで飼う家庭が圧倒的でしたが、犬は本来、群れで暮らす動物。犬は飼い主の家族を群れの仲間だと思っているので、自分だけ屋外にいるのは、とてもさびしいことなのです。

子犬のときは室内で飼い、成犬になると屋外で、という家庭もありますが、犬はずっと家族といたいはず。もし、どうしても屋外で飼わねばならない事情があるなら、時間をかけて少しずつ屋外にならすこと。また、屋内や敷地外の様子が見えない落ち着く居場所を用意しましょう。

玄関先は最悪の飼育場所

玄関先につないで飼うのは、もっともおすすめできない飼育法です。犬はつながれると警戒心が強くなり、吠えやすくなります。そもそも玄関先は人の出入りも多く、落ち着かない場所。誰かが通るたびに、犬は緊張し、吠えたり、警戒したりしなくてはなりません。これでは犬もへとへとです。神経質な犬になってしまう危険性が大きいです。

犬は室内や建物の裏側に、犬の居場所（ハウス）を決めて飼うのがベストです。

室内での飼い方

犬はいつでも「群れの仲間」といっしょにいたいもの。ハウスは家族の様子がよく見えるリビングなどに置きましょう。

家の中を自由に歩きまわらせるのはダメ。自由を得た犬は好き勝手な行動をし、問題の発生につながります。

必要な時間以外は、犬にとっていちばん安全で落ち着ける場所＝ハウスの中で過ごさせましょう。

屋外での飼い方

玄関先は家族とも離れ、来客も多く、犬にとってはストレスいっぱい。また、リビング前の庭やテラスなど、家族がいつも見える場所もなるべく避けること。

どうしても玄関先しかスペースがない場合は、ハウスの前に目かくしを立てるなど、犬のストレスが軽減される工夫を。

庭での放し飼いは、守るべきなわばりを広げることになり、これもストレスのもと。長い鎖でつなぐ飼い方も同様です。

社会化期のしつけ

生後3か月までの体験が犬の生涯の性格を決める!?

社会化期は犬の性格形成に大きな影響を及ぼす大切な時期。外へ連れ出し、社会環境になれさせて、おだやかな犬に育てましょう。

いろいろな体験をしよう
私は子犬のとき
いろいろな犬や人と会ったよ!
ほかのワンコとなかよくできるし子どももお年寄りもだれとでもなかよくできるよ
ボクは子犬のときずっとおうちにいたよ
イイコね
ウ〜
おとなになってもほかのワンコとなかよくできない子どもがくると吠えたくなるよ
社会勉強したかどうかでこんなに差がでちゃうよ

なぜ子犬の社会化期が大切か？

生後1〜3か月くらいまでの間を「社会化期」といいます。この時期の子犬はあらゆるものに興味をもち、順応性がよい大切な時期。犬の生涯にわたる性格形成に大きな影響を与えるので、積極的にいろいろな体験をさせ、十分に社会環境になれさせなければなりません。

屋外へ出て、いろいろなものを見せたり、人になでてもらったり、ほかの動物とふれあったり。こうした経験をすることで、どんなことに遭遇しても動じない、おだやかな性格の犬に育ちます。

生後2か月頃に、伝染病の予防接種を受けはじめることもあり、この時期の子犬は、まだ病気に対する抵抗力が十分ではありません。出かけるときは、抱っこをしたり、バッグに入れましょう。社会化期のしつけについてはP68を見てください。

子犬の時期に多くの経験をさせることがとても重要。

成長期別の特徴としつけのポイント

	誕生～1か月	1か月～3か月	3か月以降～6か月	6か月以降～1年	1歳～7歳	7歳以降
特徴	生まれたての子犬は、オッパイを飲んでは眠るのくり返し。生後14日くらいでだんだん目が開くようになり、歩きはじめるのは、生後3～4週間頃から。同じ頃、離乳食もはじまります。	きょうだいとじゃれたり、かみあったりする過程で、犬社会のルールを学習し、しだいに順位づけを行なうようになります。好奇心も旺盛になり、運動能力の発達とともに、いたずらも活発に。	犬の自我が確立しはじめ、性格もはっきりしてきます。理解力も高まりますが、反面、知らない人やものに対して警戒心を示すことも。少しずつなわばり意識が発達するのもこの頃です。	人間でいえば思春期にあたる頃。なわばり意識が強くなり、オス犬は成熟につれ、マーキング（電柱などにオシッコをかける）するようになります。メス犬の成熟は、発情期としてあらわれます。	小型犬なら生後1年くらい、大型犬は1年半くらいでほぼ成犬となります。運動能力も充実し、2歳半～3歳くらいには、精神的にも落ち着きが出てきます。成犬になったら、太りすぎに注意。	7歳を過ぎれば、人間でいえば50代も目前。以後、年ごとに体力も衰え、健康面にも不安が。目や耳もだんだん悪くなり、動きや反応も鈍くなります。健康チェックを欠かさないこと。
しつけ	この時期の子犬の世話は母犬の仕事。排尿・排便は、母犬が子犬の鼠《そ》蹊《けい》部や肛門をなめて刺激して排泄を処理。母犬やきょうだいとのスキンシップは大切な成長過程のひとつです。	子犬が家にやってくるのがこの時期。ハウスやトイレのしつけとともに、社会化期にあたるこの時期にいろいろな経験をさせて、社会環境によくなれさせることが大切。ワクチン接種も忘れずに。	ワクチン接種が終わったら、散歩デビューOK。マテやフセなどのトレーニングをしっかりやりましょう。社会化期に引き続き、内向的に育たないよう、積極的に外に連れ出すことが大切です。	成犬に近づくに従い、（とくにオス犬は）自分がリーダーになろうとする傾向が強くなります。リーダーウォーク等で主従関係を確立しておくこと。避妊・去勢手術をするなら早めに獣医さんに相談を。	これまで行なってきたしつけやトレーニングを継続していくとともに、フライング・ディスクやアジリティなど、新しいことに挑戦してみるのもおすすめ。いちばん活発なときで激しい運動もOKです。	まだ新しいものを吸収する柔軟さは十分にもっています。しつけは一生続くもの。無理のない範囲で、しつけやトレーニングに取り組んでいきましょう。運動は体力にあわせて行ないます。

WANWAN アドバイス 社会化期を過ぎてしまったら

飼いはじめたとき、すでに社会化期を過ぎていたり、現在すでに社会化期を過ぎてしまった、というケースもあるでしょう。

そういう場合は、少しずつ社会環境にならしていきましょう。子犬のときより時間はかかるかもしれませんが、かならず効果がでます。あせらず気長に続けましょう。

何歳になってもいろいろな体験をさせましょう。

しつけに役立つグッズ

しつけに使うグッズしだいで効率がグンとアップする

犬を迎える前にそろえておきたいグッズを紹介します。
使いやすいものを選ぶことで、しつけもよりスムーズに行なえます。

使いやすさと安全性、丈夫さを重視して

犬を飼うにはさまざまなグッズが必要です。ここでは、しつけに関係するグッズを紹介します。デザインも大切ですが、使いやすさ、安全性、丈夫さなどを考えて選びましょう。

ハウス

犬が休息する場所としてハウスをかならず用意します。成犬になってからも使えるように大きめのものを選びましょう。子犬のときは、中にバスタオルなどを入れて広さを調節します。ドアつきのものがしつけにも便利です。

サークル

サークルはトイレ・トレーニングの必需品。ハウスを掃除するときなどにも便利です。

トイレ用シーツ

サークルの中にしいて使います。トイレを覚えたあとは、トイレトレーにしいて使ってもOK。

エサ・水容器

犬がひっくり返しにくい、安定のよいものを選びましょう。丈夫で洗いやすいステンレス製や陶製がおすすめ。

What a delicious dish!

首輪・リード

ADVANCE

しつけや散歩に欠かせないのが首輪とリード。胴輪は飼い主がコントロールしにくいので、しつけには不向き。犬が引っぱると長く伸びるリードは、コントロールしにくいのでおすすめできません。犬の大きさにあわせて使いやすいものを選びましょう。

グルーミンググッズ

ブラシやクシは毛のタイプや長さにあったものを。つめ切りは犬用のものを使いましょう。

ブラシ・クシ
歯みがきグッズ
つめ切り

オモチャ

ボールやダンベルなどのオモチャはトレーニングにも使います。丈夫で安全なものを選びましょう。

WAN ランクアップ column

WAN! Rank up

「室内で放し飼い」がすべてのトラブルの原因!

ふだんはハウスにいる習慣を

「狭いハウスに入れるのはかわいそう」。こんな理由で、放し飼いの室内犬がたくさんいます。

野生時代、犬は横穴を掘り、ふだんはそこに潜って風雨や敵から身を守っていました。犬の居場所は、その横穴的な寝るだけのスペースで十分なのです。

ところが、部屋の中を自由に動きまわれるとしたらどうでしょう?　犬は部屋全体を行動範囲とし、なわばりを守るために、警戒本能を発揮し、神経をはりつめていなくてはなりません。

そうさせないためには、誰からも侵害されない自分だけの領域として、ハウスで過ごす習慣をつけさせること。のびのびさせるつもりの放し飼いは、かえって愛犬を心おだやかな生活から遠ざけているのです。

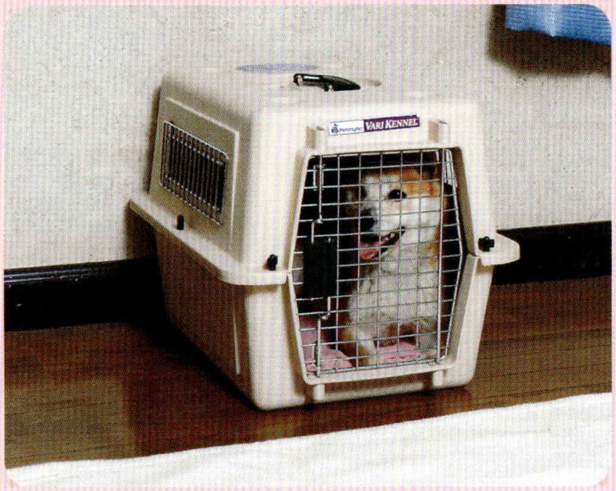

犬はハウスで過ごさせます。そのほうが犬も安心。

放し飼いをやめればうまくいく

むだ吠えをする。トイレを覚えない。留守番ができない。こうしたトラブルのほとんどは放し飼いをやめれば解決します。

むだ吠えをするのは、自由に歩きまわれるところはすべて自分の領域とし、そのスペースを、よそものから守ろうと警戒本能が発揮されているから。トイレを覚えないのは、いつでもトイレに行ける状況をつくることで、飼い主が排泄管理を怠っているから。留守番中のそそうやいたずらは、外出時にハウスに入れておけば問題の起こりようがありません。

まず放し飼いをやめ、いつもはハウスで過ごさせること。そのうえでトイレ(P58)や留守番(P80)など、必要なトレーニングを行なえばよいのです。

放し飼いはさまざまなトラブルを招きます。

Part 2

どんな犬もみるみる
大変身します!

3大しつけ法で おりこうワンコ

効果
バッグン
3大しつけ法

しつけの基本はとても簡単！これでおりこう犬に大変身

犬が喜んで飼い主に従う、簡単、確実な3つのしつけ法。
人となかよく暮らせる犬を育てる、すべてのしつけの基本です。

自然に飼い主に従うしつけ法

しつけの目的は、犬が飼い主にとって、都合のよい行動を自発的にしてくれること。では、どうすれば、犬を素直に従わせることができるのでしょうか？　犬が飼い主をリーダーと認め、信頼感と服従心をもっていれば、自然と従ってくれるはず。逆に、犬が飼い主を信頼せず、尊敬していなければ、いくらしつけをしても身につきません。

犬と飼い主の間にしっかりとした主従関係、信頼関係が築ければ、しつけは成功したも同然。

そのために欠かすことができないのが、リーダーウォーク、ホールドスティル＆マズルコントロール、タッチング。

簡単で確実な3つのしつけ法です。

犬にはリーダーに従うという本能があります。

信頼感を育み、主従関係が確立

リーダーウォークは、犬が勝手に歩きまわらず、飼い主のそばについて歩くようにするしつけ。飼い主がリーダーであることを教え、主従関係を確立するうえで最高の方法であり、わがままな成犬をしつけ直す場合にも効果絶大です。

ホールドスティル＆マズルコントロールやタッチングは、犬が安心して、飼い主に自由に体をさわらせるようにするしつけです。従属心を養い、犬と飼い主との信頼関係を深めます。

この3大しつけ法をくり返し行なうことで、犬は人に喜んで従うようになるのです。

散歩は絶好のしつけタイムです。

しつけ【1】

P 034

リーダーウォーク

飼い主の横について歩くようにさせるしつけ。犬は自然と飼い主がリーダーだと認めるようになります。成犬のしつけ直しにも最適です。

しつけ【2】

P 040

ホールドスティル＆マズルコントロール

犬を背後から抱きかかえ、安心して体をまかせられるようにするしつけ。人に対する従属心が自然に養われ、かまない犬になります。

しつけ【3】

P 044

タッチング

耳や足先など体のすみずみまで自由にさわらせるしつけ。従属心を育て、ブラッシングなどのグルーミング、病院での診察ができる犬にします。

基本のしつけ【1】

●●● リーダーウォーク

どんな犬でも飼い主を尊敬！ とっておきの散歩法とは？

「リーダーは飼い主」が自然に

リーダーウォークは、犬が自然と飼い主の横について歩くようにするしつけ。飼い主がリーダーであることを教える最高のしつけ法です。

散歩のとき、犬が先頭に立って歩いているのは、自分が群れを引っぱっているつもりになっているから。こういう犬は、散歩にかぎらず、飼い主のいうことをききません。飼い主がしっかりとリーダーシップをとれていないのです。

リーダーウォークは、飼い主が散歩の主導権を握り、犬が飼い主に従って歩くようにするのが目的です。これができれば、犬は自然と飼い主をリーダーとして認めるようになります。

もともと犬社会では、先頭を歩くのはリーダーと決まっているからです。

リーダーウォークでは、犬が行こうとする方向に逆らって逆らって歩くことで、犬は自分の思うままには歩けないことを学習し、つねに飼い主に注目し、飼い主に従って歩くようになります。

犬と敵対せず、信頼感を失わせることがないように、犬とは目を合わせず、無言で行なうようにしましょう。

犬は家族との散歩が大好きです。

散歩はリーダーシップをとって歩きましょう。

権勢症候群のいちばんの解決法

首輪とリードをつけて散歩に出るようになったら、すぐにリーダーウォークをはじめましょう。

リーダーウォークは、散歩を安全にマナーよく楽しむために必要なのはいうまでもありませんが、「リーダーは飼い主」という主従関係をできるだけ早くつくることで、そのほかのしつけも楽に行なえるようになります。

権勢症候群のわがまま犬をしつけ直す場合も、リーダーウォークは特効薬。まちがった主従関係はあっという間に逆転します。

成犬になってからも安全、簡単に行なえるうえ、効果は絶大。何か問題が起こった場合はもちろん、そうでないときも、すべてのしつけの基本中の基本として、くり返し行なってほしいのがリーダーウォークなのです。

リーダーウォークの前に

●リードの持ち方

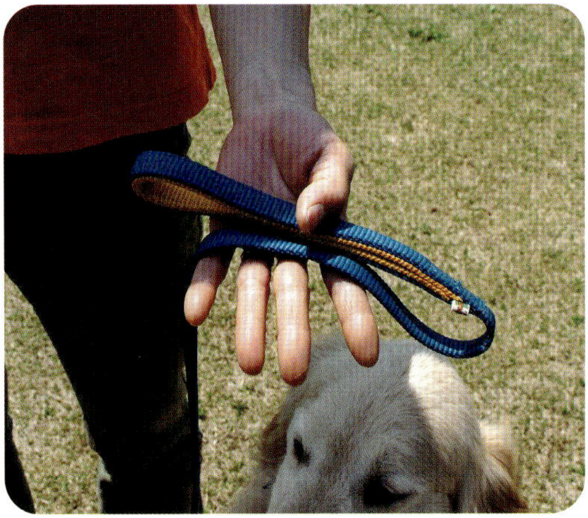

コントロールしやすいように、左手に折りたたんで持ちます。

●犬と人の位置関係

犬は人の左側につかせます。胸を張って堂々と歩きましょう。

これはNG 手にリードを巻きつけない

手のひらにぐるぐるとリードを巻きつけると、リードが張りやすく、コントロールしづらくなります。折りたたんで持つのが正解。

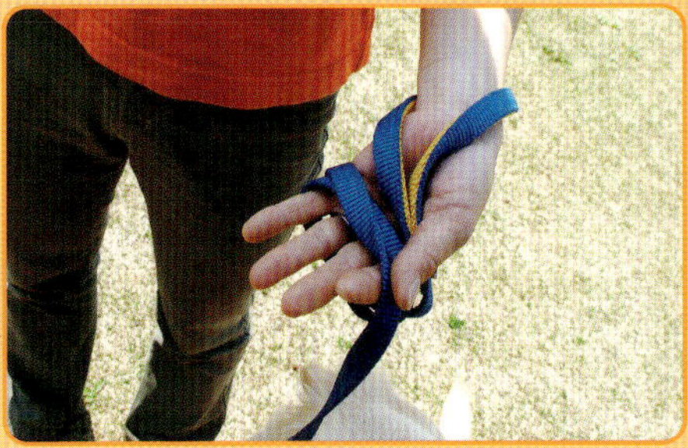

●リードを張らない

リードは張らないことが大切。軽くたるませた状態で、歩きましょう。リードが張っていると、犬が抵抗しやすいのです。

リーダーウォークの手順

●首輪とリードをつける

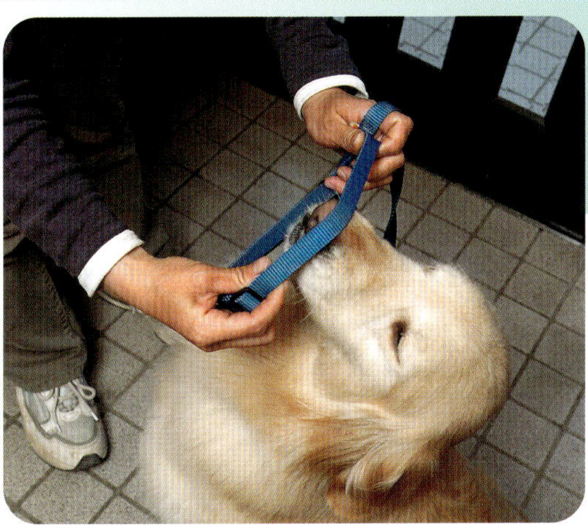

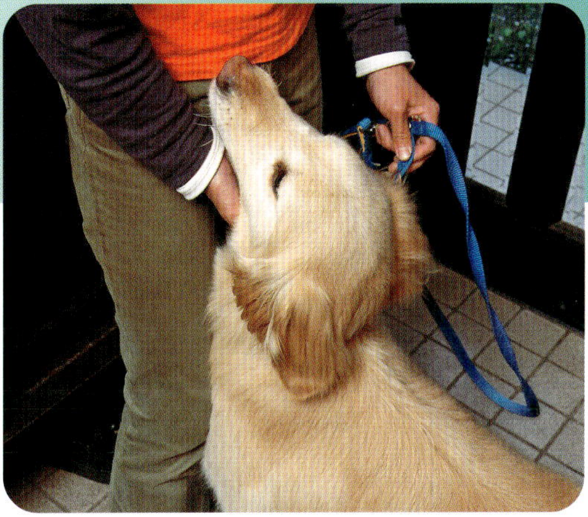

犬を座らせて、首輪とリードをつけましょう。

●玄関を出る

犬が先に出るのはダメ。人が出てから、犬がついてくるようにしましょう（犬が先に出てしまうときの対処法はP105参照）。

●●● リーダーウォーク

基本のしつけ【1】

どんな犬でも飼い主を尊敬！とっておきの散歩法とは

●リーダーウォークのしかた

犬が行きたい方向に人がついて歩くのではなく、犬に逆らって歩きます。人が主導権を握り、自由に歩きましょう。右に曲がったり、左に曲がったり、急にターンすることをくり返します。やがて、犬が人を見て、人について歩くようになります。

人は正面を見て、だまって歩きます。

犬が行こうとする方向に逆らって逆らって歩きます。

犬はだんだん自分が行きたい方向へ行けず、飼い主につかないと歩けないことを学習します。

4

犬が人を見て歩くようになります。

5

人が止まり、犬が自動的に止まり座ったら、はじめて犬を見て、声を出してほめます。

●犬が前に出るとき

前に出るとリードが張っています。

人が前へ出て
リードをゆるめて

くるっとターンします。

くる
ドン
こっちに行くのか!!

犬が少し前に出るときは、
犬にぶつかるように左に
ターンしましょう。

●犬が遅れるとき

遅れるとリードが張っています。

人が戻ってリードをゆるめてから

くるっとターンします。

WANWAN アドバイス

曲がったり
ターンしたいときは

リードが張った状態でターンすると、犬が抵抗します。上手にターンするには、犬のほうへ少し戻ってリードを一瞬たるませてから、きゅっと引きましょう。

リードがピンと
張っていると、
もっと強く引っぱり
たくなるワン！
ゆるめてから引かれると
自然についていくよ。

ホールドスティル&マズルコントロール

基本のしつけ【2】

きゅっと抱きしめる方法で従属心が自然に養われる

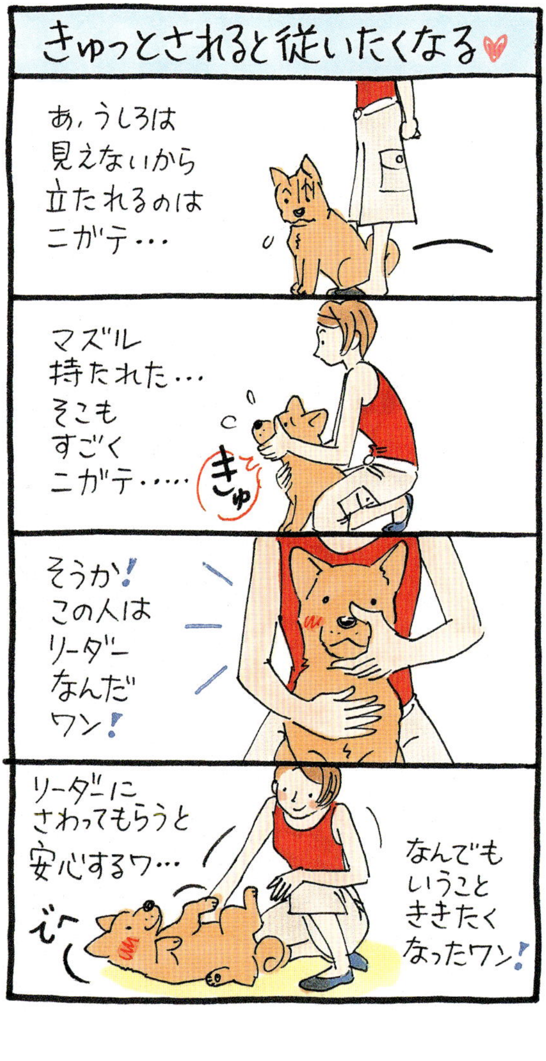

きゅっとされると従いたくなる
あ、うしろは見えないから立たれるのはニガテ…
マズル持たれた…そこもすごくニガテ….
きゅ
そうか！この人はリーダーなんだワン！
リーダーにさわってもらうと安心するワ…
なんでもいうことききたくなったワン！

信頼関係を深め、従属的な性格に

ホールドスティル&マズルコントロールは、犬が安心して体をあずけられるようにすることで、犬本来の服従本能を育て、従属的な性格を形成するのに効果的なしつけです。

犬を背後から抱きしめるのは、飼い主に対する信頼感を抱かせるためです。

また、さわられるのを嫌がるマズル（口吻《こうふん》）を持って上下左右に動かすことで、従属心はさらに高まり、人をかまない犬になります。

声をかけず、最初から最後まで無言で行なってください。もし犬が抵抗しても途中でやめないこと。「あばれれば、やめてもらえる」と学習してしまいます。時間をかけてゆっくり、落ち着いて行ないましょう。

子犬のうちから始めよう

ホールドスティル&マズルコントロールは、犬が家になれたら、すぐにはじめましょう。

成犬になると抵抗する力が強くなるので、遅くとも生後2か月くらいまでにスタートさせたいしつけです。

犬が抱きしめられることになれるまでは、1日2～3回やること。成犬になってからも、ときどき行なうことが大切です。

ホールドスティル&マズルコントロールの手順

1

犬を足の間に座らせて、うしろに立ちます。

2

犬を足の間にはさんで、ひざをつきます。小型犬の場合は座りましょう。

3

片手でマズル（口吻）を持ち、もう片方の手を胸に置きます。

4

ポイント

途中で犬に話しかけてはダメ。だまって、ゆったりした気分で行ないましょう。

マズルをいろいろな方向へ動かして、マズルコントロールします。マズルをしっかり持ちましょう。

ホールドスティル&マズルコントロール

基本のしつけ【2】

きゅっと抱きしめる方法で従属心が自然に養われる

5

マズルを右に向けます。

6

マズルを左に向けます。

WAN WAN アドバイス

犬が抵抗したら?

犬があばれたり、抵抗したら、人の体に犬を引き寄せるようにして、きゅっと抱きしめます。このとき、片手はマズルをおさえ、片手は胸に当てましょう。犬があばれなくなったら、また続きをやります。抵抗するたびに、無言で抱きしめること。

きゅっと抱きしめましょう。

7

マズルを上に向けます。

8
マズルを下に向けます。

9
マズルをぐるっとまわしましょう。

10
口の中をさわります。

これはNG 途中でやめてしまう

はじめのうちは、犬があばれたり、しつこく抵抗することが多いでしょう。このとき「あら？　イヤなの？　じゃあ、またにしましょうね」などと、途中でやめるのは絶対にダメ。抵抗してもやめないことで、犬の従属心を育てるのがしつけです。けっして途中でやめないで、犬が素直に抵抗しなくなるまで続けましょう。

11
犬のうしろに立ち、静かに犬を解放して終了です。

基本のしつけ【3】

タッチング

どこをさわられても平気！ みるみる賢い犬に変身だワン

グルーミングや診察も安心

犬の鼻先、耳、尾の先、足先、脇腹、鼠《そ》蹊《けい》部などは、とても敏感なところ。こうした部位も含めて、飼い主が犬のどこをさわっても大丈夫にしておくことがタッチングのしつけです。

従属心の少ない犬は、おなかを見せるのをいやがるもの。犬を横向きや仰向けにさせて体の各部をさわっていくタッチングをくり返すうち、従属性が養われます。

このしつけで、つめ切りやブラッシングなどグルーミングが上手にできるようになり、動物病院で診察や治療を受けるのもスムーズになるでしょう。

タッチングをするときは、無言で行ないますが、犬が抵抗せず素直に従っていれば少しほめ言葉をかけてもOK。犬が抵抗したときは、無言でしっかり抱きしめて静止を。犬の抵抗に負けて中断しないこと。

●ホールドスティルに続けて行なう

タッチングはできるだけ早い時期にはじめるべきですが、ホールドスティルができるようになってからスタートしてください。ホールドスティルに続けてタッチングをするのがおすすめです。

犬が「人にさわられたり、身をまかせることは、楽しくて気持ちのよいこと」だと感じられるようにすることが大切。ゆったりした雰囲気の中で、1回30分くらいを目安に行ないましょう。

タッチングの手順

1

足の間に犬を座らせて、犬のうしろに人が座ります。

ポイント

前肢《ぜんし》を持ってみて、ぶらぶらさせてみましょう。タッチングに入る前(1〜2のとき)に、犬の前肢の力が抜けていることが大切です。

前肢をぶらぶらさせてみて、力が抜けていることを確認。

2

両手を持ち、
フセさせます。

3

腰を押して、犬を倒して横向きに寝かせます。

●●● タッチング

基本のしつけ【3】

どこをさわられても平気！ みるみる賢い犬に変身だワン

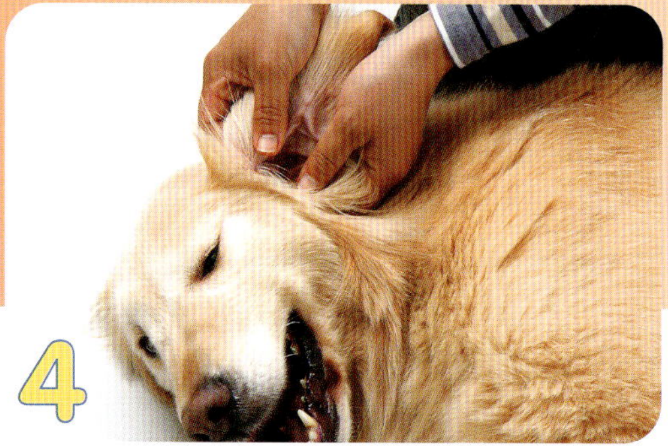

右耳、左耳をさわります。

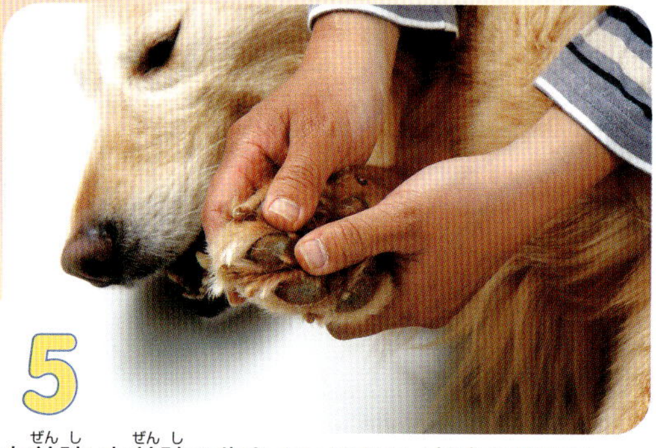

右前肢《ぜんし》、左前肢《ぜんし》の先をさわります。肉球の間までしっかりさわること。

右後肢《こうし》、左後肢《こうし》の先をさわります。

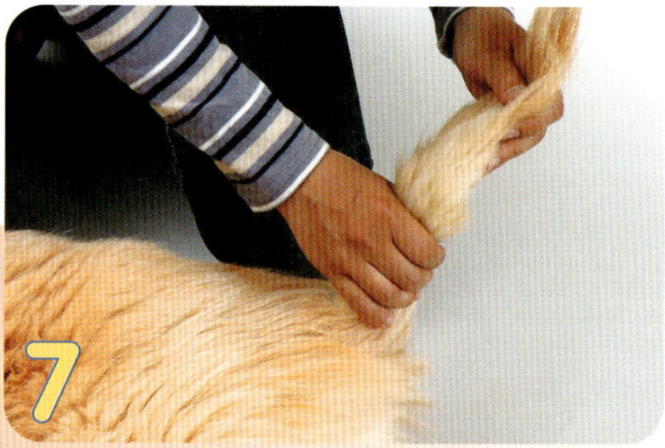

しっぽをさわります。先までさわりましょう。

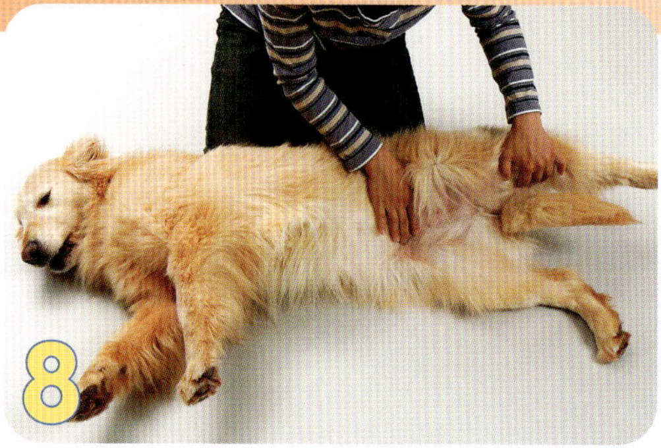

おなかをさわります。

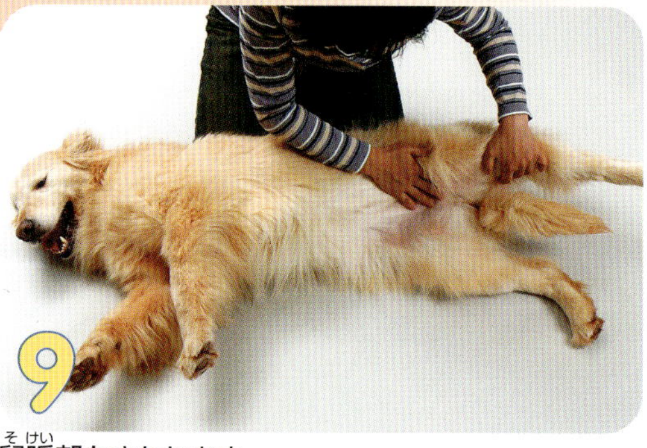

鼠蹊《そけい》部をさわります。

目を見ます。

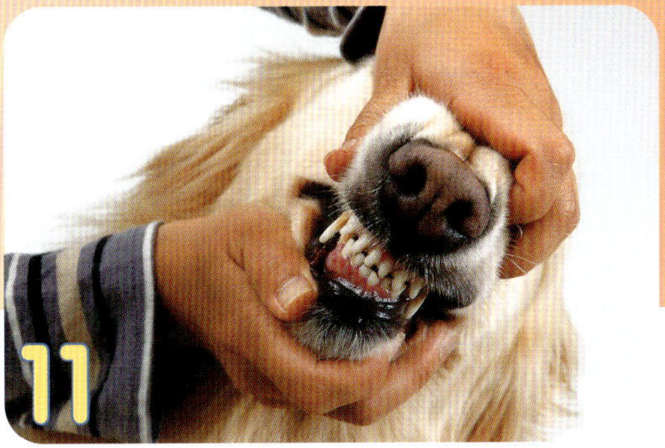

歯を見ます。

犬をフセの状態に戻しましょう。

犬を座らせます。

人が先に立って、犬を解放して終了です。

WAN WAN アドバイス

途中であばれたら？

犬があばれたり、抵抗しようとしたら、覆いかぶさるようにして、犬が動けないように拘束しましょう。

ポイント

タッチングは、ホールドスティルと同じようにだまって行なうこと。犬が抵抗しても、けっして途中でやめず、最後までたんたんと続けることが大切です。

WAN
ランク
アップ
column
WAN!
Rank
up

犬の習性がわかると しつけがグンとしやすくなる

習性を知れば上手につきあえる

人が狩猟生活を行なっていた時代から、犬は人のパートナーでした。祖先であるオオカミから受けついだ犬の習性や本能は、狩りを手伝わせたり、集落を守らせたりするのに適していたのです。

そうした習性は、現代の犬にも引きつがれ、狩猟犬や番犬にとどまらず、社会のあらゆる場面で人間の役に立っています。

ただし、とくに家庭で飼われている犬たちをとりまく社会環境では、その習性が家族を悩ませたり、近隣に迷惑をかける原因となっている場合も少なくありません。

なぜ犬がそういう行動をとるのか十分に理解しておけば、あわてたり、困惑したりすることなくつきあっていけるはず。

逆に、習性や本能をうまく利用することで、しつけもスムーズに行なえるのです。

群れをつくる

犬が群れで暮らす習性は、祖先であるオオカミの時代から引きつがれたもの。力をあわせて狩りをしたほうが効率的で、外敵から身を守るためにも大勢でいたほうが安全だったからです。

はるか昔、犬と人がいっしょに暮らすようになったのも、犬が人を群れの仲間と見なすようになったから。

現代の犬は、飼い主の家族を自分の群れだと思っているのです。

ボスと
No.2だ
同じ群れの仲間!!

リーダーに従う

群れで暮らす犬の社会は、リーダーを頂点に、上下の順位がはっきりしたタテ社会。群れの統率を守るため、犬には服従本能があり、信頼できるリーダーには喜んで従います。

毅然《きぜん》とした態度で接することで、犬は飼い主を頼れるリーダーと認め、しつけもスムーズに行なえるようになるのです。

ハイ!ご主人
どんどん何か
やらせてください!
ヨシ!

リーダーになろうとする

群れの中に強力なリーダーがいない場合、犬が主導権を握り、自分がリーダーになろうとします。これを権勢症候群といい、早い犬では生後7～8か月頃から、こうした傾向が見られます。

かわいさのあまり、飼い主が犬のいいなりになっていると、権勢本能が強化され、家族を従属者と見なし、わがまま犬になってしまい、さまざまな問題行動が発生するのです。

マーキング

犬が電柱や塀などに、何回にも分けてオシッコをかけるのは、単なる排泄行為ではなく、「マーキング」と呼ばれる自分のテリトリーを主張する行動。オシッコをかけることで、「ここはボクのなわばりだからね」とアピールしているのです。

オス犬が片足を上げて排尿するのは、生後7～8か月頃から。性的に成熟した証拠で、高い位置にひっかけるほど優位性を示すことになります。

ときどき、飼い主にオシッコをひっかける犬がいますが、自分に所属するものとしてのマーキング行動で、権勢本能の強い犬によく見られます。

犬同士でにおいをかぎあう

においをかぎあうのは、犬同士のあいさつ。お尻にある肛門腺からは、1頭1頭ちがうにおいが出ていて、そのにおいをかぎあっているのです。

尾を足の間にはさみこみ、においをかがせまいとする犬がいますが、社会化期にほかの犬との接触が少ないと、こうした社交性のない犬になってしまいます。

飼い主が疲れた顔をしているときにも、あいさつがわりに、においをかぎにくることがあります。

動くものを追う

自転車や車を反射的に追いかけたり、ジョギング中の人に吠えかかったりするのは、犬の狩猟本能によるもの。かつて草原や森の中を、逃げまどう獲物を追いかけ走った遠い記憶が、動くものを見ることで刺激されるのです。

ボール遊びやフライング・ディスクで、狩猟本能を上手に満足させてあげてください。

WAN ランクアップ column

犬の習性がわかると しつけがグンとしやすくなる

来訪者に吠える

家に誰かが訪ねてきたとき、激しく吠えたてるのは、なわばりに侵入しようとする外敵を追い払い、群れの仲間に警告を発しているのです。

発達した嗅覚や聴覚によって、来訪者（外敵）をいち早く感知し、警戒して吠えるという犬の習性を、人は古来から家族や集落を守るために役立ててきました。

スリッパやオモチャを振りまわす

狩りをして暮らしていた頃、犬は捕まえた獲物を口にくわえ、振りまわしたり、地面に叩きつけたりして、とどめをさしていました。

スリッパやオモチャを振りまわすのはこの行為の名残りで、遊びの中に、かつての習性があらわれたものです。

エサをあっという間に食べる

野生時代、獲物を食いっぱぐれたり、横取りされたりしないように、エサは大急ぎで丸飲みしなければなりませんでした。与えたエサをあっという間に食べてしまうのは、その頃からの習性。

犬の歯と人の歯は形状がちがうので、人のようによくかんで味わって食べることはできません。ガツガツ食べるのは健康な証拠でもあります。

地面を転げまわる

散歩に行ったとき、リードを放してやると、地面をかぎまわったあと、仰向けになって転げまわる犬がいます。これは狩猟時代の習性で、自分のにおいを隠すための行動です。

とにかく
はじめが肝心!

Part 3

子犬のしつけマニュアル

子犬との生活としつけ

「みなさん、よろしくワン」効果的なしつけマニュアル

しつけは子犬がきた日からはじめます。甘やかさず、かまいすぎず、最初にきちんとしつけをすれば、みんなに愛される犬に育つのです。

子犬を迎える準備をしよう

子犬は好奇心旺盛でいたずらが大好き。なんにでも興味をもって、においをかいだり、ものをくわえたり、あちこちにもぐりこんで遊びます。

家の中は子犬にとっては危険がいっぱい。子犬にとって安全な環境といえるかどうか、しっかりと点検しておきましょう。殺虫剤や洗剤などの化学物質、カッターやハサミなど、子犬が口にするとよくないもの、危ないものは、あらかじめ片づけておくこと。

また、子犬を迎える前に、必要なグッズ（P28参照）を用意しておくことも大切です。

かまいすぎに注意し、あたたかく見守りましょう。

子犬が家にきたら

子犬がくるのを家族のみんなはワクワクして待っているはず。でも、家にやってきたばかりの子犬は、不安でいっぱい。かまいすぎると眠れなくてストレスになるので注意してください。

家に着いたばかりの子犬には、まずオシッコをさせてあげます。そのあとはハウスに入れて、そっと様子を見守りましょう。

子犬は1日20時間は眠っています。かわいいからといって、無理に起こしたりしないことです。

子犬はさみしがりや

お母さんやきょうだい犬と離れたばかりの子犬は、とてもさみしい思いをしています。野生の群れでは、子犬がひとりぼっちにされることはありません。きょうだいだけではなく、おとなの犬がかならずそばについています。だから、子犬のそばには、かならず誰かがいるようにしましょう。

人間の赤ちゃんをひとりで置いて出かけたりはしないはず。小さな子犬をひとりで留守番させると、分離不安（P80）など問題の原因になります。

子犬を迎えるときは、人が家にいられる時期を選ぶこと。数時間以上の外出をするときは、誰かに子犬を見てもらうようにしましょう。

子犬のしつけスケジュール

子犬が家にきたら、様子を見ながら、徐々にしつけをはじめます。しつけは人と犬がなかよく暮らしていくうえでとても重要なこと。それぞれの時期に合わせて、しっかりしつけをしましょう。

はじめの1週間

人との共同生活のために必要なしつけは、子犬が家にきたその日からはじめましょう。

- ハウスのしつけ❶
- トイレのしつけ
- 食事のしつけ

家にきて2週目から

人に対する信頼感と従属心を養う大切な時期。さまざまな経験をさせることも重要です。

- ホールドスティル&タッチング
- いろいろな体験をさせるしつけ
- ハウスのしつけ❷
- 追随&屋外デビュー
- 首輪とリードのしつけ
- 留守番のしつけ
- ドライブのしつけ

生後3か月から

いよいよ散歩&公園デビューです。子犬にとって、本格的な社会生活がスタートします。

- 散歩デビュー
- 公園デビュー

ワンコMEMO 子犬が安心する抱っこのしかたは?

抱っこは、ワンコの従属性を育てるためにも大切なこと。誰にでもおとなしく抱かれる犬にしましょう。

抱っこは子犬のおなかが上向きになるように抱くのが従順な犬になるポイント。

いきなり抱き上げるとびっくりするので、やさしくなでてから抱っこしましょう。

よい抱っこ

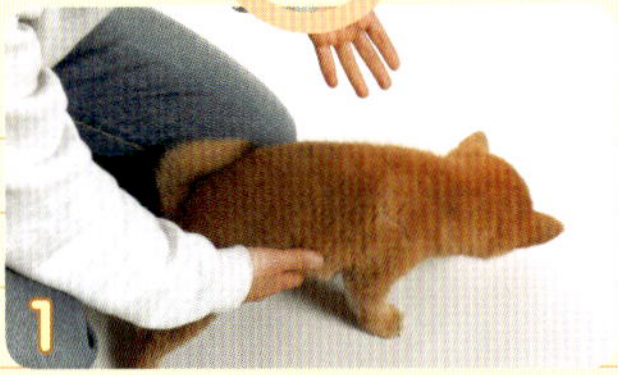

うしろから胸に手を当てて抱きあげます。

片手をお尻の下に入れます。

背中からささえるように人のおなかの位置で抱きます。犬のおなかが上向きになるようにしましょう。

悪い抱っこ

うしろから脇に手を入れるような抱き方や、正面から手を持つような抱き方は、安定感がなく、犬が不安になってしまいます。

生活の基本を教えます!

はじめの1週間のしつけ

子犬が家にやってきたその日から、しつけをはじめます。はじめの1週間は、新しい環境に子犬がなじむための大切な時間。あたたかく見守りながら、共同生活に必要な基本的なしつけをしていきます。子犬に1日の生活のリズムを教えてあげましょう。

- ハウスのしつけ❶
- トイレのしつけ
- 食事のしつけ

LESSON 1

ハウスのしつけ①

放し飼いはトラブルのもと!すべての基本はハウスから

いつもハウスで過ごす習慣を子犬に教えることは、おりこう犬への第一歩。家に迎えたその日から、放し飼いをせず、ハウスで過ごさせましょう。

初日からハウスへ

家にきたその日から、子犬はハウスで過ごさせることが大切。順応性が高い子犬のうちから、いつもハウスに入れておけば、そこが自分の居場所だと思うようになるのです。もともと子犬は1日の大半は眠っているので、ハウスで過ごさせるのは、そう難しいことではありません。

かわいい子犬をかまいたいばかりに、ハウスから長い間出していると、順応性が高い時期にしつけのチャンスを逃してしまうことになります。ハウスで過ごす習慣をつけさせるには、家にきて数日間が勝負といっても過言ではありません。

放し飼いは多くの問題行動の原因（P30参照）になります。いつもハウスで過ごせる犬にすることが、おりこう犬への第一ステップなのです。

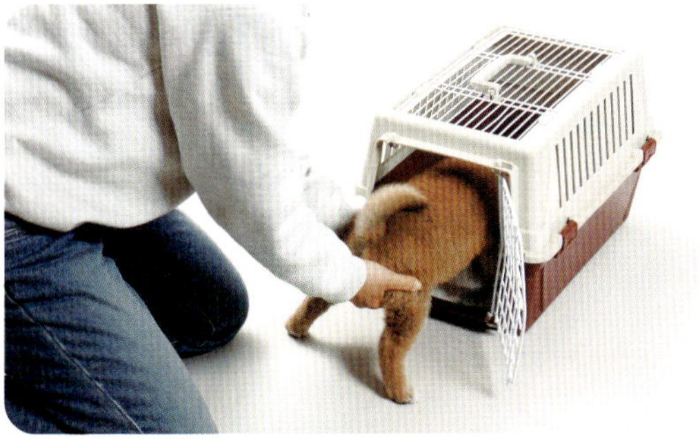

子犬はハウスに入れておきます。

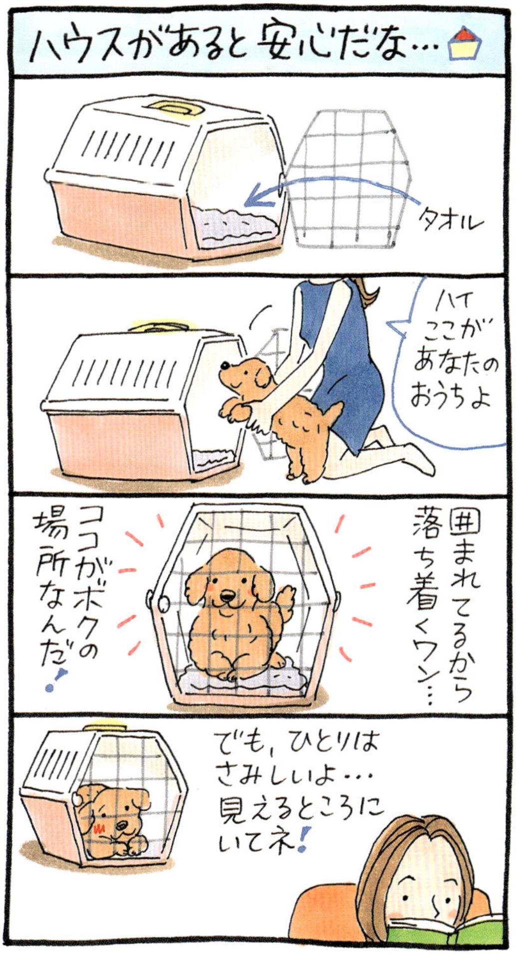
ハウスがあると安心だな…
タオル
ハイ ここが あなたの おうちよ
囲まれてるから 落ち着くワン…
ココがボクの 場所なんだ!
でも、ひとりは さみしいよ… 見えるところに いてネ!

ハウスは安全で心休まる居場所

「ハウスに閉じこめておくのはかわいそう」と思うのは人間の感覚。もともと犬は狭い横穴を巣にしてきました。この巣がハウスであり、犬にとってハウスは、誰からも侵されることのない、安全で心休まる場所なのです。

ハウスにいるのがあたり前の犬は、来客があるとき、留守番をするとき、車で移動するときにも、なんの問題もなく過ごすことができます。

ハウスにいる習慣のない犬は、自由に動き回れるところすべてが自分の居場所だと思っています。でも、家の中は、家族も含めいろいろな人が出入りするところ。この状態は、自分のベッドの上を誰かがしじゅう踏みつけにして通っていくのと同じようなもの。

放し飼いの犬は自由な犬などではなく、自分だけの居場所をもたない、気の毒な犬なのです。

楽に立てるくらいの
高さのハウスを用意。

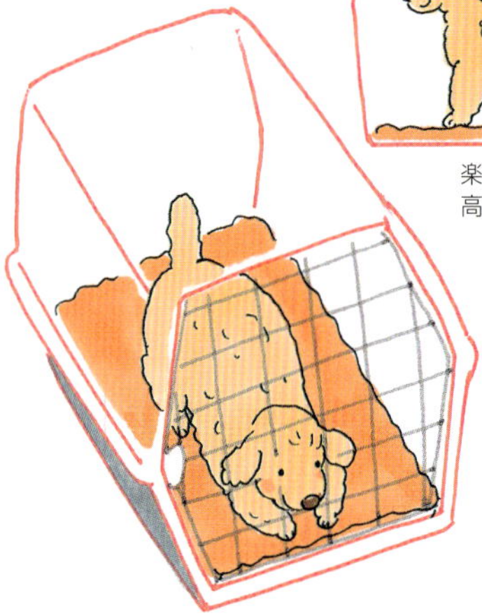

手足をのばせて、ゆったりくつろげるくらいの大きさがベスト。
広すぎるとかえって落ち着きません。

居心地のよいハウスとは？

どのようなハウスであれば、犬にとって快適な居場所となるのでしょう？

もともと犬の家は、狭くて薄暗い横穴ですから、ハウスも広ければよいというものではありません。体がすっぽりとおさまり、ゆったりとくつろげるくらいのスペースがあれば十分です。

子犬の成長に合わせてハウスをかえていくのは大変なので、成犬になっても使える広さのハウスを用意。子犬の頃は、中にバスタオル等を入れて、広さを調節しながら使うのがおすすめです。

外出やしつけのときに使いやすいように、ドアつきのものを選びます。ハウスは移動用のクレイトタイプでも、キャリーケースタイプでもOK。

子犬はとってもさみしがりや。ハウスは、子犬が家族といっしょに過ごせるように、リビングに置きましょう。

中にタオルや布などを敷き、ときどき洗濯します。
冬は温かい毛布などを入れましょう。

ハウスのしつけ

家にきた当日から子犬はハウスで休ませます。

ポイント 1

家にきた日から、エサ、トイレ、子犬とふれあうとき以外は、ハウスに入れておきます。

ポイント 2

子犬はさみしがりや。ハウスは家族の顔が見えるリビングに。夜は寝室にハウスを置きましょう。

ポイント 3

子犬が鳴いても、ハウスから出してはダメ。鳴けば出してもらえると学習してしまいます。

ポイント 4

ハウスを快適な居場所に。中にバスタオルなどを敷きます。テレビの横など騒がしい場所は避けて。

WAN WAN アドバイス

夜鳴きには心を鬼にして無視を！

新しい環境にきた子犬は、夜鳴きをすることが多いでしょう。このとき、声をかけたり、抱いたりせず、放っておくことが大切です。ここで子犬をかまうと、いつまでも夜鳴きをすることに。就寝時は、ハウスを寝室に置いてもOK。夜鳴きは、はじめの数日が勝負です。つねに人の気配を感じられる場所に置いておくことがポイント。それでも夜鳴きしたときは心を鬼にして無視しましょう。

ハウスをベッドの足元に置くと子犬が安心します。

LESSON 2

トイレのしつけ

トイレをすんなり覚える とっておきの方法を教えます

トイレのしつけは、できるだけ早くはじめること。家にきた日からスタート。タイミングよくトイレに連れていけば、スムーズにしつけられます。

トイレのしつけは飼い主しだい

子犬が家にやってきたときから、トイレのしつけをはじめましょう。子犬のうちは、ひんぱんにウンチとオシッコをします。生後3か月頃までは、子犬は自分で排泄のコントロールがうまくできません。

そんな子犬に「トイレを覚えなさい」というのは難しい話。飼い主がしっかりと排泄管理をすることで、子犬が上手にトイレを覚えるように習慣づけてあげることが大事です。

ハウスとトイレは別の場所に

犬はとてもきれい好きな動物。自分の寝床（ハウス）の中ではウンチやオシッコをしたがらない習性があります。この習性を上手に利用して、トイレのしつけを行ないましょう。

いつもはハウスに入れておき、ハウスから出したときにトイレに連れていくようにすれば、自然に排泄をコントロールすることを学びます。

サークルの中にハウスとトイレをいっしょに置いたり、放し飼いにすると、犬はしたいとき、したい場所で排泄するようになってしまいます。

子犬の様子をいつも見ていられる場所に、ハウスとトイレを少し離して置くようにしましょう。

「タイミングよく」がポイント

子犬がオシッコやウンチをしたくなったとき、タイミングよく排泄させることが、トイレを上手にしつけるポイントです。

朝目覚めてすぐ、お昼寝から起きたとき、食事や水を飲んだあとはトイレタイム。床のにおいをクンクンとかいで落ち着きがないときも、タイミングを逃さずにトイレへ連れていきます。ハウスから出したらトイレへ、と覚えておきましょう。

トイレのしつけは、家族みんなで協力しながら、あせらず根気よく続けていきましょう。

トイレはここでするよ
ハイ、オシッコしようね
ハウスは休む場所だもんね
そうか! ここがトイレか
ハウスから離れているから
うれしいワン!
ヨシヨシ
ワーイ、ほめられた!
ここですればいいんだね!!
ジョ〜

トイレに連れていくタイミング

子犬にトイレを覚えてもらうには、タイミングよくトイレに連れていってあげることが大切です。

1 ハウスから出したら

ハウスの中では、オシッコやウンチをがまんしています。

2 寝起き

朝起きたとき、お昼寝から目覚めたあともトイレタイム。

3 食後

エサを食べたり、水を飲んだあとは、胃や腸が刺激されます。

4 遊んだあと

夢中になっていると、オシッコやウンチのことは忘れがちです。

5 床などのにおいをかいでいる

トイレに行きたいとき、こういう行動をよくとります。

6 そわそわと落ち着かない

排泄したいときは、場所を探して落ち着きがなくなります。

トイレのしつけ STEP 1

トイレはサークルにペットシーツをしき詰めたものを準備。
はじめは子犬がトイレをしたい頃をみはからって、こまめにトイレに連れていきます。

1

ハウスから出したときなど、タイミングをみてトイレサークルへ子犬を入れます。

2

排泄をするまで入れておきます。

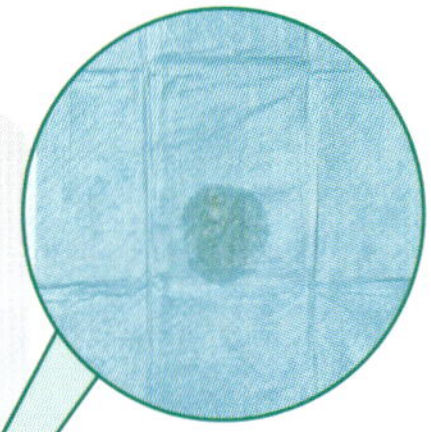

3

排泄したら、「いいこね」とほめ、トイレから出しましょう。おおげさにほめなくてOK。1～3をくり返すうちに、トイレに入れると排泄するようになります。

これはNG ✕失敗しても叱らない

トイレを失敗したり、そそうをしても絶対に叱らないこと。トイレのトラブルについては、P96を参考にしてください。

DOG質問箱

Q シーツをかじってしまいます。

A シーツをかじったり、いたずらしてしまうときは、子犬をすぐにハウスへ戻しましょう。タイミングをみはからって、またトイレへ入れてみます。

トイレのしつけ STEP 2

トイレで排泄することを覚えたら、自分からトイレへ行って排泄できるように練習しましょう。

1

トイレで排泄することを覚えたら、サークルの一部を開けておき、自分でトイレへ行けるようにしておきます。

2

こうしておくと、犬が自分でトイレへ行って排泄するようになります。完全にトイレを覚えたら、サークルをなくして、トイレトレーにペットシーツをしいたものを使ってもOKです。

WAN WAN アドバイス
トイレ用サークルの選び方

トイレのしつけに使うサークルは、子犬が出られないようにきちんと囲えるものを選びます。ひとりでトイレに行けるようにするため、一部を開けられるものがベスト。トイレトレーを使う場合は、はじめはサークルで囲って練習しましょう。トイレを完全に覚えたら、トイレトレーだけにしてOKです。

トイレトレーを使うときは、はじめはサークルで囲って練習しましょう。

ワンコMEMO
オシッコのときに声をかける

子犬がオシッコをしているときに、「シー」「ワンツー」などと声をかけましょう。

そうすると、やがてその声をかけるとオシッコをするようになります。したい場所で、したいときにオシッコをさせたいときに便利です。

LESSON 3

エサのしつけ

子犬がおとなしく待つ！エサのあげ方のポイント

エサのしつけは、何を与えるかも含めて、飼い主の大切な仕事。エサに関係することは、けじめを教えるしつけであり、犬の健康管理にもつながります。

子犬にあげるエサは？

生後3か月までは、子犬用ドライフードをぬるま湯か温めた犬用ミルクでふやかして与えます。3か月を過ぎたら子犬用ドッグフードをそのままあげてOKです。エサはドライタイプがおすすめ。

犬と人間では必要な栄養素が異なり、たとえばタンパク質は人の4倍、カルシウムなら人の10倍も必要です。また、人間の食べものは油や塩分が強すぎ、肥満や病気の原因になります。犬には、必要な栄養素がバランスよく入ったドッグフードがいちばん。子犬用から老犬用まであるので、成長や年齢に合ったものを選びましょう。

人間用のおやつやチーズ、牛乳などの乳製品は、肥満や虫歯、おなかをこわす原因になるので、犬用のものを与えてください。

●エサをあげる場所

エサは、ハウスや部屋の中の決まった場所など、犬が落ち着いて食べられる場所であげるようにします。犬専用の食器（食事用、水飲み用）を用意し、毎回同じ食器で与えましょう。

食事中は声をかけたり、何かを命じたりしないで、食べることに専念させてください。

人が優位であることを教えるため、まず家族が食事をすませたあと、犬に与えるようにします。

年齢別・エサの内容と回数

子犬は一度にたくさん食べられないので、何回かに分けてエサを与えます。成長に従って徐々に回数を減らしますが、成犬になったら1日1食で十分です。

	回数	エサの内容など
誕生～3か月	1日に3～4回	子犬用ドライフードをお湯か温めた犬用ミルクでふやかしてあげます。
3～6か月	1日に2～3回	成犬の約2倍もの栄養素が必要な時期。子犬用・成長期用のドッグフードを。
6か月～1歳頃	1日に2回	成長期用フードを、6か月頃は1日2～3回、1歳頃は1日1～2回に。
1～7歳頃	基本的に1日1回	成犬用フードを1日1回。1日2回の場合は与えすぎないよう量に注意。
7歳頃～	基本的に1日2回	高タンパク、低カロリーの老犬用ドッグフードを1日2回あげます。

エサのしつけ

エサをあげるときにマテをさせたい場合、自分から待てるようになる、この方法にトライ！

どうしたら
食べられるの？
食べようとすると
あっちへ行っちゃうよ。
そうか！ 待ってれば
いいんだワン！

1 エサを入れた容器を犬に見せます。

2 犬がそばにきたら食器を引きます。

3 また犬に食器を見せますが、犬が寄ってきたら引きましょう。これをくり返すと、やがてエサを見せても寄ってこないで待つようになります。ここまで無言で行なうこと。

マテ

4 犬が待てるようになったら、「マテ」と声をかけます。

ヨシ

5 「ヨシ」で食器を置いて食べさせます。

WAN WAN アドバイス おあずけは、ほどほどに

マテができたら、すぐに食べさせること。長時間のおあずけは、かえって食べものに対する執着を強めてしまいます。また、胃液が出るなど体にもよくありません。

ワンコMEMO がつがつ一気食いは犬の習性

犬は一気にがつがつ食べますが、これは早く食べないとエサを仲間やほかの動物に取られる心配があった野生時代からの習性。エサをぺろりと食べても、量を増やしたり、おかわりをあげる必要はありません。

積極的にいろいろな体験を！

家にきて2週目からのしつけ

生後３か月までの子犬は、日々成長し、毎日たくさんのことを学んでいきます。この時期は、人に対する信頼感と服従心を養う大切な時期。また、臆病な犬にさせないよう、さまざまな経験をさせることが重要です。外の世界に出ていく準備をどんどんさせましょう。

- ホールドスティル&タッチング
- いろいろな体験をさせるしつけ
- ハウスのしつけ❷
- 追随&屋外デビュー
- 首輪とリードのしつけ
- 留守番のしつけ
- ドライブのしつけ

LESSON 1

ホールドスティル&タッチング

家族みんなでやってワン! 従属心をめきめき育てるワザ

誰からも愛される犬にするための大切なしつけ。信頼感と従属心が自然に育ちます。子犬のうちから、家族みんなで毎日行ないましょう。

信頼感と従属心を育てる

ホールドスティルとタッチングは、とても重要なしつけです。飼い主に体を自由にさわらせるようにすることで、信頼感と従属心を育みます。

これから、さまざまなしつけをする子犬に、このしつけを行なっておくことは、その後のしつけをグンとスムーズにするでしょう。

子犬が新しい環境になれたら、すぐにはじめてください。みんなにかわいがられる犬になるよう、家族全員で行ないます。まずは、お父さん、お母さんからはじめましょう。

WAN WAN アドバイス

子犬の甘がみについて

子犬に手や足をガブガブと甘がみされている人はいませんか? 甘がみは、相手をかむことで順位の確認をする行動。また、甘がみは人の肌に歯をあててもよいと犬が学習するので、ある日、本気でかむようになる可能性が大です。

ホールドスティルとタッチングは、甘がみをしない犬に育てるためのしつけでもあります。くり返し行なうことで、甘がみをしない犬になるでしょう。甘がみをしたら犬を叱るのではなく、甘がみをしない犬に育てることが大切なのです。

もっと!さわって!!
きゅっ
サッ
サッ
お父さん、お母さんにやってもらったら…
お兄ちゃんもやってくれるんだ
最初はイヤだったけどいまはヘイキ!
みんなにやってもらうととってもウレシイワン!
絶対にかんだりしないよ

ホールドスティル（&マズルコントロール）

犬のうしろから体を拘束《こうそく》し、マズル（口吻《こうふん》）を動かすことで従属心を養います。
無言でゆったりとやること。やり方は成犬（P40）と同じです。
子犬のうちからやることで効果は倍増します。いやがっても途中でやめないこと。

1
立った状態から犬を足の間に置きます。

2
両ひざをついて座り、犬を足の間に座らせます。片手で下あごを持ち、片手を胸に置きましょう。

3
いやがってあばれたり、抵抗したら、おとなしくなるまできゅっと抱きしめてロックします。

4
マズルコントロールをします。マズルを持ち、右、左、上、下に向けた後、ぐるりとまわします。

5
口の中に指を入れます。

6
静かに立って犬を解放して終了。

タッチング

犬が体を自由にさわらせるようにするためのしつけで、信頼感と従属心を育てます。
ホールドスティルに続けてやりましょう。抵抗しても途中でやめないこと。
やり方は成犬（P44）と同じです。子犬のうちからやることが大切。

1 足の間に犬を座らせます。前肢を持って振ってみましょう。ぶらぶらと力が抜けていることが大切。

2 両前肢を持ち、チンチンの格好をさせてからフセさせます。

3 犬を横に寝かせます。

4 前肢、後肢の順にさわりましょう。

5 耳をさわり、しっぽをさわります。

6 下腹部をさわります。

7 フセの状態に戻してから、スワレの状態に戻し、人が先に立ってから犬を解放して終了です。

ポイント 犬が抵抗したら

手を広げ犬の下あごを床に押すと同時に腕を伸ばして犬の下腹部に密着させてロック。大きい犬は、犬の上に覆いかぶさります。このとき、一瞬押したあとは、ぐっと押さえないこと。

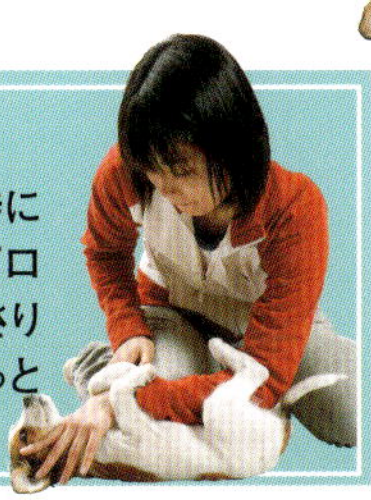

LESSON 2

いろいろな体験をさせるしつけ

人・犬・場所。どんなことも「へっちゃら」にする方法

気持ちの安定したおだやかな犬に育てるには、社会化期のいろいろな体験が重要です。1、2回でやめずに、何度もくり返しいろいろな経験をさせましょう。

犬や人にどんどん会おう！
外出だ！
いろんなワンコがいるよ！
こんにちは
いろんな人たちに
みなさんよろしく！
いいこだね
いろんな場所があるよ
うわ！大きな車だ！
外には
いろいろな犬や人がいて
いろいろな場所があるんだね！

ものごとに動じないおだやかな犬に！

来客やほかの犬、車など、周囲のものに過敏に反応し、しつこく吠えたり、おびえる犬がいます。そんな犬にしないために、生後約3か月までの間の「社会化期」にさまざまな経験をさせましょう。

社会環境になれさせるこのしつけは、いろいろな人やものを見たり、ふれあったりするのは楽しいことだと犬によい印象をもたせるのがポイント。犬といっしょにいる飼い主自身がリラックスし、おだやかな態度でいるよう心がけてください。

ワクチン接種が終わっていない子犬のうちは、抱っこやバッグに入れて出かければ安心です。

いろいろな人に会わせる

郵便屋さんや配達の人

家にはいろいろな人がきます。配達物を受け取るとき、犬を抱いて応対してならします。

赤ちゃん、子ども

子ども嫌いな犬にさせないよう、赤ちゃんを見せたり、子どもに頭をなでてもらいます。

近所の人、友人・知人

近所の人や友人・知人など、いろいろな人に子犬をなでたり、抱いたりしてもらいます。

人がたくさんいるところ

商店街など人が大勢いるところに出かけます。いろいろな格好や年齢の人を見せましょう。

いろいろな動物に会わせる

いろいろな犬

いろいろな犬種、子犬、老犬など、多くの犬と会わせます。素性のわかった犬なら安心。犬と接触が少ないと、ほかの犬となかよくできない犬になってしまいます。

猫

子犬のときから猫と会わせます。友交的な猫であれば、いっしょに飼っても上手に暮らせます。

その他のペット

うさぎ、ハムスター、小鳥など、できるだけ多くのペットと会わせておきましょう。

いろいろな場所へ連れていく

近所を散歩

最初は近所を散歩する程度でOK。なれたら、少しずつ、いろいろなところに出かけましょう。

車が多い場所

交通量の少ない道路からはじめ、徐々に交通量の多い通りへ。車などを見せて騒音を聞かせます。

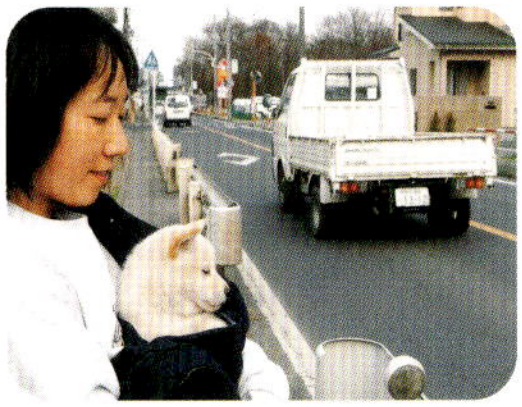

繁華街

繁華街の喧騒に十分ならしておけば、犬といっしょにショッピングも楽しめるようになります。

公園や川べり、海

いろいろな場所やものを見せましょう。街の中だけでなく、自然とのふれあいも重要です。

いろいろな音を聞かせる

音楽やテレビ、ラジオ

テレビやラジオのほか、CDをかけるなどして音楽も聞かせましょう。小さな音から大きな音へ。

掃除機の音

掃除機の音を怖がる犬は多いようです。はじめは遠くで掃除機をかけて音にならします。

踏み切りや電車の音

踏み切りや電車の音は、はじめは遠くから聞かせます。近くに行くのは十分になれてから。

雷や花火の音

雷や花火の音におびえるのは遺伝的要素もありますが、社会化期の体験で、あまり怖がらなくなります。

生活上必要な体験をさせる

グルーミング

タッチングになれてきたら、ブラッシングやつめ切りなどのグルーミングをはじめましょう。

シャンプー

足先などを少しずつお湯で濡らし、徐々に水にならします。ドライヤーにもならしておくこと。

歯みがき

子犬のときから歯みがきの習慣を。犬用歯ブラシか、ガーゼや犬用歯みがきシートでみがきます。

診察

予防接種だけでなく、子犬の頃から健康診断などを通じて、診察にならしておきましょう。

なるほどレッスン術

バッグに入れて部屋にかける

どこかに出かけたり、特別なことをするだけでなく、ふだんの生活そのものが社会化のしつけのひとつ。子犬をバッグなどに入れて、ドアノブなどにかけ、家族の行動を見せるのも子犬にとってはよい経験になります。

犬に注目することなく、家族みんなで食事をしたり、テレビを見たり、掃除をしたり、いつもどおりの生活を送ることが肝心です。

LESSON 3

ハウスのしつけ②

「ハウス」ができるワンコはいろいろトクなことがある！

いつもハウスにいることを覚えた犬は、むだ吠えをせず、
留守番もトイレも上手にできます。
「ハウス」の声で自分から入るようにしつけましょう。

「ハウス」でしつけもラクラク

ハウスは居心地のいい場所、安心できる場所だとわかった犬は、休みたいときは、自分からすすんでハウスにいるようになります。

ハウスにいることが習慣になっている犬は、家全体ではなく、ハウスが自分の領域だと思っているので、配達の人がきたり、来客があった場合でも、過剰に反応したり、しつこく吠え立てたりしないはずです。

留守番のときも、ハウスに入れておけば、そそうをしたり、いたずらをすることもありません。

ハウスは何があっても安全な自分だけの居場所、プライベート・ルームです。ハウスを大好きにさせることが、いろいろなしつけの早道といえるでしょう。

「ハウス」といえば、従う犬に

急な来客があったり、外出するときなど、犬をハウスに入れる必要があるとき、「ハウス」のかけ声で、自分から入る犬にしつけましょう。

ハウスに入れるとき、いつも抱えて入れていると、犬は無理やりハウスに閉じこめられていると思うようになります。

しつけ方のポイントは、「ハウスに入るといいことがある」と犬に思わせること。エサなどを使って、上手にしつけましょう。

なわばりが広いと大変だ!!
玄関も
タッ
タッ
リビングも
タッ
ソファも
タッ
タッ
ろうかも
もし、ぜ〜んぶ
ボクのなわばりだったら
もう大変だヨ!!
ピンポ〜ン
チャイムがなったら吠えなくちゃいけないし
ワンワン
きゃー!
かまないでね
お客さんがきたら吠えなきゃいけない
ワンワン!
ワンッ
ダ〜ッ
でも、ボクの居場所はハウスだけだから
とっても安心♡
このくらいの広さが落ち着くんだよな〜
安心
安心….

ワンコMEMO

ハウスができると こんなときも安心

来客や留守番のときはもちろん、ハウスができると、ドライブや動物病院へ連れていくとき、誰かに預かってもらうときなどにも安心です。

万一の災害時など、ハウスができなければ、飼い主さんはもちろん、まわりの人にも迷惑をかける恐れがあります。どんなときもハウスでおとなしく過ごせる犬にしつけておきましょう。

ハウスのしつけ

「ハウス!」のかけ声でハウスに入るワンコにするために、エサを使って練習を。
P55でハウスに入る習慣ができている犬は、しつけも円滑です。

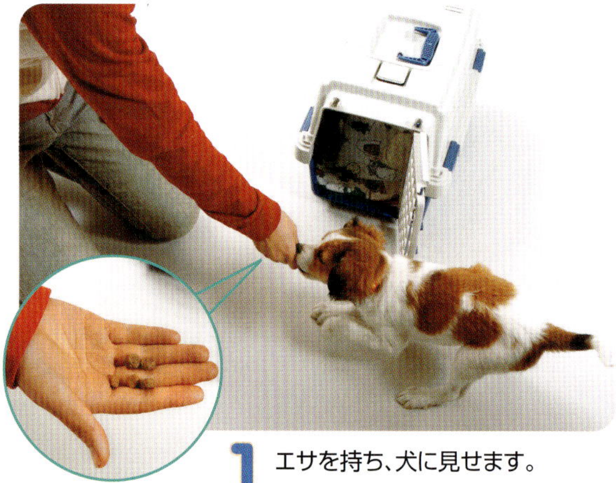

1 エサを持ち、犬に見せます。

2 ハウスにエサを投げ入れます。

3 犬はハウスに入ってエサを食べます。犬が入るときに「ハウス」と声をかけます。まだ扉は閉めないこと。

4 出てこようとしたら、ハウスの入り口にエサを置きます。

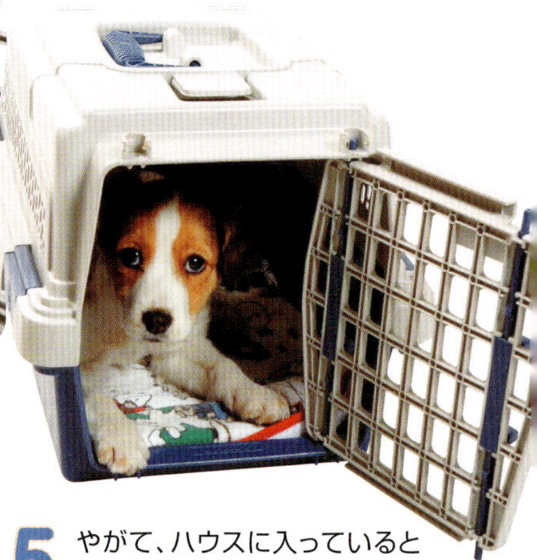

5 やがて、ハウスに入っているとエサが食べられると理解します。

これはNG 無理やり閉じこめない

手で押して無理にハウスに入れたり、いやがっているのに扉を閉めないこと。

6 犬が出てこなくなったら、静かに扉を閉めます。はじめは、おとなしく待っている間に扉を開けます。

7 くり返して練習するうちに、「ハウス」の声でハウスに入るようになります。なれれば、扉を閉めても安心して中に入っているようになるでしょう。

なるほどレッスン術

ハウスの中でエサをあげる

ハウスの中にエサを入れておき、犬がハウスに入りたい気持ちを利用する練習法もあります。

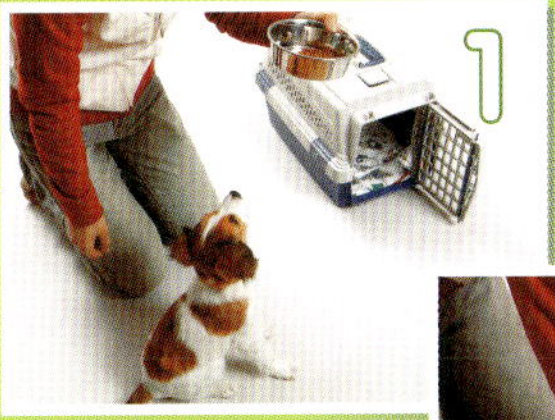

1 犬にエサを見せます。

2 エサをハウスに入れて扉を閉めます。

3 犬はハウスの中にエサがあるので、食べたくてハウスに入りたがります。

4 扉を開けるとハウスに入ってエサを食べます。入るときに「ハウス」と声をかけましょう。くり返し練習すると「ハウス!」で入るようになります。

LESSON 4

追随＆屋外デビュー

散歩デビューの前に積極的に屋外体験をさせよう

散歩デビューのとき、はじめて外を歩かせるのでは遅すぎます。自宅の庭や近所など、安全な場所で飼い主が見守れる範囲で子犬に体験させましょう。

「追随」ができれば散歩も簡単

子犬には、「おいていかれたら大変!」と、飼い主のあとを追って歩く習性があります。この習性を利用して、散歩デビューの前に、子犬に人のあとをついて歩かせる練習をしておきましょう。

まずは室内で練習し、うまくできたら屋外でも同じように歩かせます。犬社会ではリーダーが前を歩く習性があるので、飼い主のあとをついて歩かせることは、従属心を養うことにもなります。

追随の練習をすれば、リーダーウォークも簡単にできるようになるでしょう。また、呼んだらくる犬にするための練習にもなります。

どんな場所も堂々と歩く犬に

散歩デビューの前に、屋外を自分の足で歩かせる練習をしておきましょう。

散歩に行くと、いろいろなところを歩くことになります。子犬のうちにいろいろな環境の歩き心地を体験させることで、おとなになっても、どこでも堂々と歩ける犬になるでしょう。アスファルト、土、砂利《じゃり》、草の上などを歩かせ、足の感触を体験させます。「追随」の練習といっしょに行なうのがおすすめです。

ワンコMEMO 見知らぬ犬と接触させない

「子犬を屋外に出すのはまだ心配」という人もいます。ワクチン接種が終わって免疫ができるまでは、庭や家のまわりなど、飼い主の目が届く範囲を歩かせれば大丈夫でしょう。その際、見知らぬ犬と接触させたり、ほかの犬がマーキングしたあとをかがせたりしないように注意すればOK。

屋外では、砂ぼこりをかぶったり、場所によってはダニがつくこともあるので、外を歩かせたあとは、しっかりブラッシングしましょう。

追随の練習

子犬は、人を追って歩くものです。
子犬の前を歩いて犬に追わせて練習します。

1
子犬を視界に入れながら、先を歩きます。

2
人のあとを追って歩かせましょう。

屋外デビュー

子犬のうちにいろいろな環境を歩かせましょう。
足の感触、においなど、すべてが子犬にとって学習です。

アスファルト

土

草

砂利

LESSON 5

首輪とリードのしつけ

首に何かつける練習から!リードもつけて歩かせよう

首輪とリードは、散歩デビューの前に室内でつける練習をしておきます。首輪とリードになれたら、庭や近所でリードをつけて歩く練習をしましょう。

軽いものからトライ

首輪とリードをつける練習も散歩デビューの前には欠かせません。最初は毛糸のように軽くて、負担や違和感のないものを犬の首に巻いてみましょう。しだいにリボンやハンカチなどにかえていき、首に何かをつけている状態になれさせます。なれたら首輪にチャレンジ。首輪がクリアできたら、ときどきリードをつけるようにします。

首輪とリードになれたら、部屋の中を自由に歩かせます。「追随」(P76)も首輪とリードをつけて練習してみましょう。ここまでできたら、飼い主がリードを持って歩いてみてください。犬はちょこちょことあとをついてくるはずです。

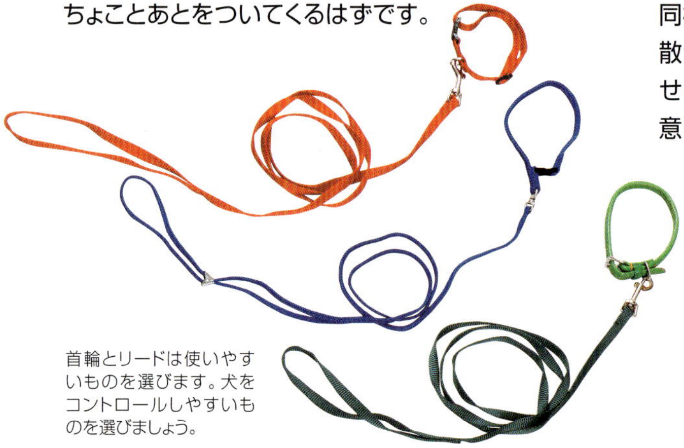

首輪とリードは使いやすいものを選びます。犬をコントロールしやすいものを選びましょう。

首輪とリードの選び方

首輪とリードにはさまざまな材質、デザインのものがあります。犬の大きさや毛のタイプに合わせ、首によけいな負担をかけず、使いやすいものを選びましょう。首輪とリードがいっしょになっているタイプのものは、毛を金具で傷めることが少ないので、長毛の犬におすすめです。

最近では、首輪のかわりに胴輪で散歩させている飼い主さんをよく見かけます。しかし、胴輪はリーダーウォーク(P34)をする際にも、飼い主の動き、意図が犬に伝わりにくいため、しつけにはおすすめできません。伸び縮みするタイプのリードも同様の理由でリーダーウォークには向きません。散歩のとき、犬を長いリードで自由に歩きまわらせると、よけいなトラブルの原因にもなるので注意しましょう。

首に何かつけてみよう

首輪をつける前に、軽いものを首につけて練習しましょう。
毛糸やリボン、ハンカチ、バンダナなどがおすすめです。

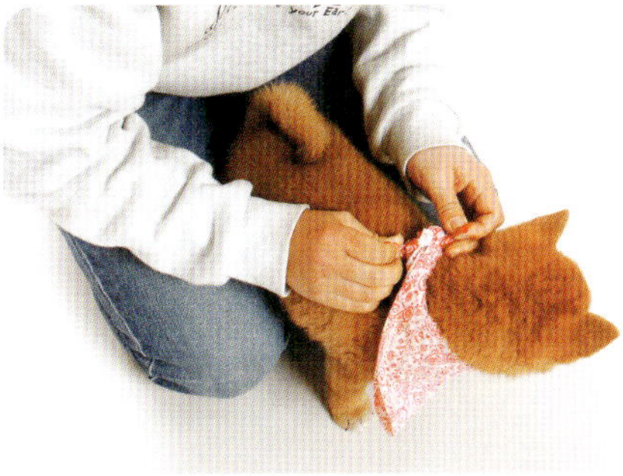

1
ハンカチをつけてみましょう。

2
自由に歩かせます。

首輪をつけよう

首に何かをつける状態になれてきたら、
首輪をつけてみましょう。

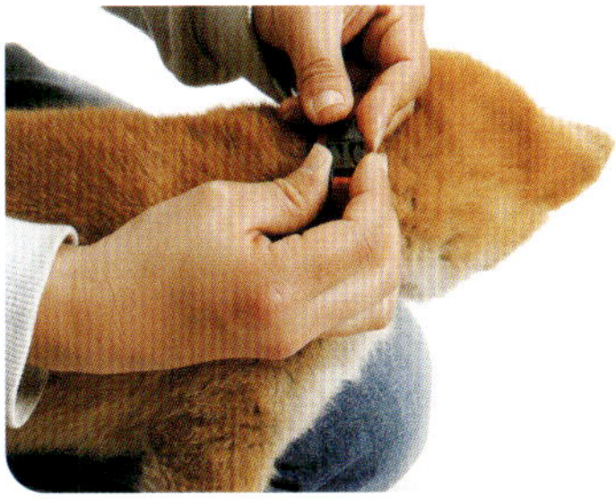

1
首輪をつけます。

2
首輪をつけたまま、自由にさせましょう。

リードをつけよう

首輪をつけていることになれたら、
リードをつける練習をします。
はじめは、室内で様子を見ながら
リードをつけましょう。

リードをつけて、自由に歩かせます。

LESSON 6

留守番のしつけ

「お留守番をお願いね!」このひと声が不安を招く

いきなり長時間の留守番は、子犬には無理です。分離不安にならないように、短時間の留守番から少しずつ練習していきましょう。

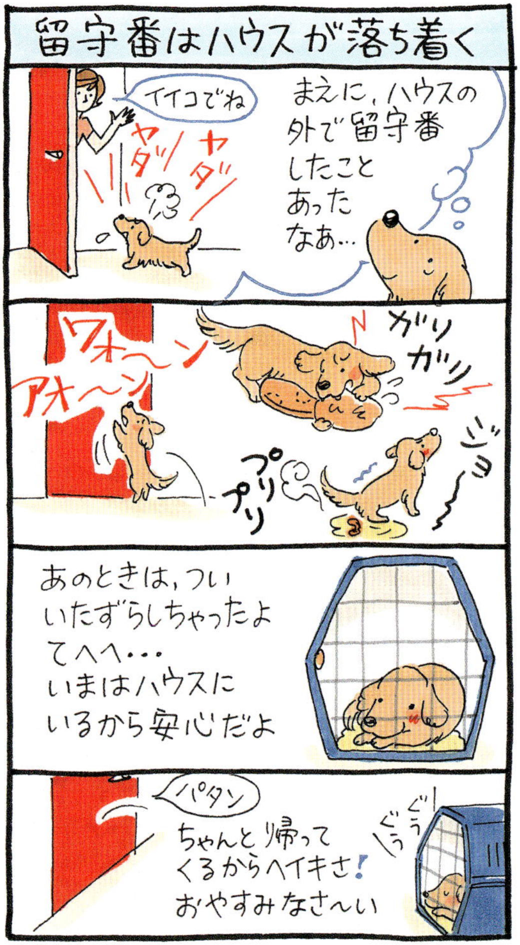

留守番はハウスが落ち着く
イイコでね
ヤダッ
ヤダ
まえに、ハウスの外で留守番したことあったなあ…
ワオ～ン
アオ～ン
ガリ
ガリッ
プリ
プリ
ジョ～
あのときは、ついいたずらしちゃったよ てへへ…
いまはハウスにいるから安心だよ
パタン
ちゃんと帰ってくるからヘイキさ!
おやすみなさ～い
ぐう
ぐう

出かけるときは声をかけずに

外出前に、「いってきま～す」「いいコで待っていてね」などと声をかけると、犬はよけいに心細くなります。これは「分離不安」と呼ばれるもので、留守中の問題行動（吠える、そそうをする、いたずらなど）の原因でもあります。子犬のときに強い分離不安を経験すると、分離不安のストレスを感じやすい犬になりかねません。

出かける前と、帰宅後30分くらいは犬を無視。よけいな分離不安を与えないようにします。子犬が眠っているときに外出するのもよい方法です。

少しずつ時間をのばして

留守番のときはかならずハウスへ入れましょう。広い部屋で自由に留守番するより、狭い自分のなわばり内にいたほうが犬は安心します。

子犬にいきなり長時間の留守番をさせるのは無理です。短時間からはじめて、少しずつ時間をのばしましょう。

子犬のうちは排泄回数も多いので、数時間以上留守にする場合は、誰かに子犬の世話にきてもらうなどの工夫が必要です。おとなになれば、長時間の留守番もできるようになります。

留守番の練習

留守中に吠えたり、そそうをしたり、いたずらをしたりするのは「分離不安」が原因。
外出の前後は犬を無視し、声をかけないようにします。
いつのまにか出かけて、いつのまにか帰ってくるのが留守番のしつけのポイント。
短い時間からはじめて、少しずつ時間をのばしていきましょう。

1 出かけるしたくをしても出かけない、出かけても2〜3分したら戻るをくり返します。犬のことはずっと無視すること。

2 外に出て5分くらい様子を見ます。犬が吠えても無視し、吠えなくなったら家に戻りましょう。吠えているときに家に戻ると、「吠えたら戻ってきた」と学習してしまいます。どうしても鳴きやまないときは家の中に入り無視すること。

3 10分、15分、30分と、外出する時間を少しずつ長くします。出かけるしたくをしているところをちゃんと見せること。犬に対してはずっと無視します。

4 やがて、出かけても飼い主はかならず戻ってくることを犬が学習し、おとなしく留守番ができるようになります。

LESSON 7

ドライブのしつけ

窓から外を見る犬は危険！ハウスでドライブが正解です

犬を車にのせる機会は意外に多いものです。
子犬のときから少しずつ車にのる練習をしておけば、
車酔いもせず、車が大好きな犬になるでしょう。

少しずつ車になれさせよう

家族でドライブへ行ったり、動物病院へ連れていくなど、犬を車にのせる機会はけっこう多いはず。いきなり車にのせるのではなく、子犬のときから練習をしておくことが大切です。

最初はエンジンを切ったままのせてみて、なれたら走るというように、少しずつならします。

ハウスに入れ、途中で出さない

車にのせるときは、かならずハウスに入れ、目的地に着くまでは、基本的にはハウスから出さないようにします。パーキングなどで停車するごとに車から降ろしていると、犬は飼い主が車から降りるたびに自分も降りられると思うようになります。ただし、犬を車に残す場合は、車内の温度に十分に注意。オシッコが近くなってしまうので、水は車にのる前に少しだけ飲ませておき、目的地に着くまではあげないようにしましょう。

車酔いしてしまう犬には

車にのるとどうしても吐く犬には、数時間前から食事を与えないようにします。吐くものがないほうが犬は苦しくありません。

もし吐いても何もなかったように汚物を片づけます。なでたり、声をかけたり、叱ったりしないこと。大騒ぎをすると、かえって吐きぐせがついてしまいます。次に車にのせるとき、心配そうにせず、おおらかに接することで犬を安心させましょう。

ハウスの中は安心だワン

車にのせるとき、犬はかならずハウスに入れ、後部座席の下など、安定する場所に置きます。座席との間に隙間がある場合は、クッションをはさむなどして、車がゆれるたびにハウスが動かないようにしましょう。

安心だね！
ここなら動かないしハウスにいればいいからラクチン！

ハウスの中にいるほうが犬は安心できます。

ドライブの練習

車にのせる練習をしておけば、犬といっしょにいろいろなところに出かけることができます。
まずは近所を軽く走ってみることからはじめましょう。
車にのせる前に、ハウスのしつけをしっかりしておくことも大切です。
なれないうちは窓を少し開けて風を通して走りましょう。

1

まずはエンジンを切った車に何回かのせて様子を見ます。

2

子犬をバッグに入れて車にのせます。エンジンをかけて、音や振動にならしましょう。

3

車になれたらハウスに入れ、少しドライブ。短距離からはじめ徐々に距離をのばします。ハウスは後部座席の足元か、うしろにのせてもOK。

これはNG 風そよそよワンコは危険

助手席など、座席の上にのって、窓から顔を出している犬をときどき見かけます。こういうのせ方をしていると、急ブレーキや急ハンドルで、思わぬ事故を招いたり、犬が飛ばされるなどして、ケガをする恐れもあります。犬も車の中で自由にしていると落ち着きません。

犬を車にのせるときは、かならずハウスに入れましょう。

街へ公園へどんどん出かけましょう!

生後3か月からのしつけ

生後3か月を迎えたら、いよいよ散歩デビューです。ここまでのしつけをしっかりやってあれば、散歩デビューも問題なくできるはず。散歩になれたら、公園デビューをして、たくさんの犬とふれあいましょう。犬にとっても本格的な社会生活のはじまりです。

- 散歩デビュー
- 公園デビュー

LESSON 1

散歩デビュー

毎日決まった時間の散歩がむだ吠えの原因だった!?

時間を決めない。毎日行かない。トイレタイムにしない。飼い主が散歩の主導権を握ることが、いちばん重要です。人も犬も楽しく散歩しましょう。

散歩の基本を知っておこう

いよいよ散歩デビューです。飼い主といっしょに自分の足で歩いて、いろいろな社会とふれあっていく散歩タイム。散歩中は人、動物、車など、さまざまなものに出会うことになります。

散歩デビューの前に、社会化のしつけ（P68参照）や、追随、屋外デビューを十分に行なっておきましょう。そうすれば、何かにおびえたり、びっくりすることなく、子犬も落ち着いて散歩を楽しめます。

●散歩の時間は決めないこと

散歩は毎日決まった時間に行くほうがいいと思っていませんか？　同じ時間に散歩をしていると、時間になると犬が吠えて催促するようになってしまいます。散歩は時間を決めず、飼い主の好きなときに不定期に行くようにしましょう。

●散歩は毎日しなくてもいい

毎日かならず散歩に行く必要はありません。雨の日、体調の悪い日、どうしても時間がない日などは、散歩はお休みにしていいのです。

毎日の習慣にしていると、習慣どおりにならないときに犬がストレスを感じてしまいます。

●散歩をトイレタイムにしない

散歩で排泄する習慣をつけていると、結果的には毎日散歩に行くことになります。また、好きな時間に散歩に行くのも難しくなるでしょう。

散歩とトイレタイムは別です。マーキングなどでご近所に迷惑をかけるのを防ぐためにも、散歩の前にトイレをすませておくようにしましょう。

散歩デビュー

子犬の場合も、散歩の基本はリーダーウォーク（P34）です。
はじめは短い距離からはじめて、だんだん距離を長くしていきましょう。

1 首輪とリードをつけます。

2 子犬を抱いて家を出ます。

3 子犬を道路に下ろします。

4 リーダーウォークで歩きます。

5

アスファルトだけでなく、いろいろな地面の上を散歩しましょう。散歩時間は短い時間からはじめて、少しずつ長くすればOK。

散歩の持ちもの

トイレ用グッズは必需品。長時間の散歩なら飲み水を用意します。公園などで訓練をするならオモチャやごほうびを持参しましょう。

- ○ウンチ袋
- ○オシッコを流す水
- ○飲み水と容器
- ○おやつ
- ○オモチャ

散歩のマナー

散歩のときは、周囲の人に迷惑をかけないように、守るべきマナーがあります。
犬嫌いの人を減らすためにもかならず守りましょう。

1 リードをつける

散歩に行くときはかならず犬にリードをつけます。何かあったとき、いつでも犬を制止できる状態にしておくのは飼い主の義務です。

2 リーダーウォークが基本

散歩中はつねにリーダーウォークを心がけましょう。飼い主が主導権を握っていれば、散歩中のトラブルを未然に防ぐことができます。

3 排泄で迷惑をかけない

よその家の敷地や塀などに排泄をさせないこと。ご近所に迷惑をかけないよう、絶対に守らなくてはならないマナーです。

4 オシッコをしたら水をかけておく

塀や電柱、道路などにオシッコをしてしまったときは、水をかけてきれいに流しておくこと。散歩には水を持って出かけます。

5 フンは持ち帰る

もし散歩中にフンをしてしまったら、かならず持ち帰りましょう。このマナーが守れなければ、犬を飼う資格はありません。

ワンコMEMO 暑い日中の散歩は避けよう

暑い時期は日中の散歩は控えましょう。犬は靴もはいていません。体が地面に近い犬にとっては、熱いアスファルトなどの照り返しはとてもつらいこと。散歩は朝晩の涼しい時間帯がおすすめです。

LESSON 2

公園デビュー

ほかのワンコとなかよし！そんな犬になってほしいなら

公園デビューは、いろいろな犬や人とのふれあいが前提です。社会化期のしつけを十分に行ない、社交的な犬に育てておくのが成功のポイント。

おだやかな犬に育てておこう

公園デビューは、そこで散歩したり、遊んだりしているほかの犬や飼い主さんとのコミュニケーションが基本です。場合によっては、公園で遊んでいる子どもたちや親など、さまざまな人とのふれあいが待っています。散歩になれたら、公園へ出かけてみましょう。

公園デビューをする前に、社会化のしつけはしていますか？　たくさんの犬とふれあったり、いろいろな人に抱いてもらったり、なでてもらったり、「社会化のしつけ」（P68）をしておくことで、公園デビューはスムーズになります。

おだやかで社交的な性格の犬に育てておきましょう。

公園ではマナーを守ろう

公園内では、リードは絶対に離さない、排泄物は持ち帰るといったマナーをかならず守ること。

また、犬同士を会わせるときは、「おたくのワンちゃんとあいさつさせてもいいですか？」とひと言ことわるなど、ほかの飼い主さんへのマナーも大切です。

公園にはいろいろな犬がきています。一見、温和そうに見えても、急に吠えかかったり、ケンカになることがあるので、犬同士の接触にはくれぐれも注意を。あらかじめ様子を見ておき、よその犬とも上手に接しているおだやかそうな犬とふれあわせてもらうのがよいでしょう。

散歩デビューをすませたら、次は公園へ出かけましょう。

公園デビュー

公園を利用する際は、ルールを守り、人に迷惑をかけないようにしましょう。
自分の犬から絶対に目を離さないこと。

1

犬を連れた人がいたら、遠くから様子を見て、おだやかそうな犬であれば、ゆっくり近づきます。

2

飼い主さんに「犬同士をあいさつさせてもいいですか?」とことわりましょう。

3

犬同士をふれあわせているときは、犬をしっかり見ていること。においをかぎあったり、じゃれたり、自由に遊ばせます。

DOG 質問箱

Q 犬に飛びつこうとするときは?

A リードを一瞬ゆるめてからきゅっと引いてターンし、犬から遠ざかり、また近づいてみます。このとき、犬に声をかけないこと。無言でターンし、犬を座らせます。

Q 犬が怖がっているのですが……。

A 相手の犬を怖がっているようなら、無理になかよくさせようとせず、立ち去ってOKです。

子犬との室内遊びとオモチャの選び方

室内は静かに休む場所

部屋の中は、本来は静かに休むための場所です。基本的に、犬とは室内で遊ばないことをおすすめします。とくに部屋の中を自由に走りまわるような遊び方は、絶対にさせないこと。

室内で遊ぶくせをつけてしまうと、飼い主がいっしょにいるときは、いつでも遊んでもらえると思うようになります。「ねぇ、ねぇ、遊んで!」と吠えて催促したり、成犬になっても部屋の中で走りまわられたら、部屋でくつろぐどころではなくなってしまいます。

元気に走りまわるのは家の外。室内は静かにゆったりとくつろぐ場所。子犬のうちから、しっかりとけじめをつけるようにしましょう。

服従訓練や引っぱりっこならOK

室内でスワレやマテなどの訓練をするのはOKです。子犬と遊びたいなら、引っぱりっこがいいでしょう。これなら走りまわることなく、ちょうどよいストレス解消にもなります。

引っぱりっこでは、最後はかならず飼い主が、引っぱりあったオモチャやタオルを取り上げて遊びを終えるようにしましょう。引っぱりあったものを与えっぱなしにすると、犬は自分が勝ったと思いこみ、自分のほうが順位が上だと考えるようになるからです。

奪いあったものを取り上げて遊びを終えることで、飼い主がリーダーであることを教え、服従本能を育むことができます。

引っぱりっこのやり方

犬を興奮させすぎないために、短時間だけ遊びましょう。
遊びの中で服従行動をとらせることが大切。
最後は飼い主が取りあげて終了にします。

引っぱりっこして遊びます。

スワレをさせます。「ヤメ」で離させましょう。

離したら「ヨシ」と声をかけます。

また、すぐに遊びましょう。最後は取り上げて終わりにします。

オモチャ選びのポイント

オモチャは目的によって選び、上手に使い分けることが大切です。
安全を考えて選びましょう。

与えっぱなしのオモチャ

犬にあげて、自由に遊ばせるオモチャは、安全がいちばん。
かんでも壊れないもの、食べても安心なものを選びましょう。

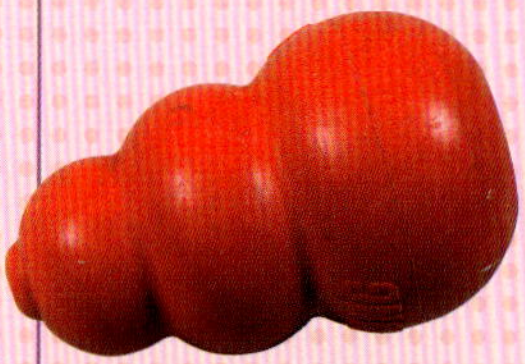

コング

ガム

牛のヒヅメ

ボール

いっしょに遊ぶオモチャ

人といっしょに遊んだり、訓練に使うオモチャは、人が見ているときに使うので、使いやすさや丈夫さで選びましょう。

投げて持ってこさせる用

ボール

ディスク

ダンベル

引っぱりっこ用

Part 4

困った行動を
なんとかしたい！

トラブルを解決するアイデア

なぜ問題行動が起こるのか

もともと頭が悪い犬はいない！ワンコがみるみる賢く変身

うるさく吠える、気に入らないとうなる、そそうをするなどの問題行動は、原因を知ることで効率よく解決しましょう！

困った！　問題行動とは？

吠える、かむ、うなるなどの問題行動で悩んでいる飼い主さんが多いようです。

吠える、かむといった行動は、犬の行動上よくあること。これらの行為が、飼い主にも社会にとってもトラブルになっていない場合は、問題行動とは呼びません。たとえ犬が吠えたとしても、飼い主がヤメ、マテなどで制止できるならOK。

しかし、制止しても吠え続け、人をかむ、反抗的な態度をとるという場合は問題があります。人と犬が快適な共同生活を送るために、問題行動を直す必要があるでしょう。

飼い主との信頼関係がなによりも大切。

まず、原因を考えてみよう

問題行動があるときは、なぜその行動をとるのか、理由を探ることが大切です。原因がわかったら、その原因を取り除くことが先決。

犬がトラブルを起こすとき、犬が悪いということはあまりありません。飼い主のしつけ方や環境に原因があるケースがほとんどです。もともと頭が悪い犬はいません。飼い主しだいで、犬はどんどん賢くなるということを知っておいてください。

犬がいうことをきかないと叱る前に、犬の気持ちを考えてみましょう。適切なしつけや、環境を整えれば、犬は自然に問題行動をとらなくなります。また、原因を取り除けない場合は、無理やり犬に強制しないことも大切です。

絶対に手をあげないこと

犬を叱ったり、体罰をくわえると、飼い主に対する不信感がつのり、ひねくれた性格の犬になってしまいます。体罰は、犬の問題行動を直すにはなんの効果もありません。犬はほめてしつけるもの。犬の気持ちを考えてしつけをしましょう。

問題行動の6大原因

トラブル犬になってしまう原因は、おもに下の6項目。あなたの犬はどのタイプでしょうか?

1 権勢症候群

犬が反抗的な態度をとり、飼い主のいうことをきかないなら、権勢症候群の可能性が大。権勢症候群は、犬が家族のボス的存在になっている状態です。3大しつけ法(P32)をしっかり行ないましょう。

2 分離不安症

昼間は犬だけが留守番をしているなど、孤独感が原因。とくに子犬期に長時間の留守番をさせると、分離不安症になりやすくなります。むだ吠え、留守中のそそうなどの問題行動を起こします。

3 環境が悪い

玄関先の人どおりが多い場所につないで飼っている、ハウスが落ち着かない場所にあるなど、環境が原因のケース。神経質な性格になり、吠えたり、おびえたりといった問題行動が起きます。

4 病気やケガ

体の調子が悪いため、そそうをしたり、いらいらしてかんだりすることがあります。問題行動だと思う前に、犬が健康かどうかをチェックしましょう。定期的な健康診断をすることが大切です。

5 ストレス

ずっとハウスに入れていて、飼い主とコミュニケーションをとれていないなど、運動不足や精神的なストレスは、問題行動の原因になります。しっかりコミュニケーションをとりましょう。

6 困った行動を飼い主が強化している

帰宅すると飛びつく、スリッパをかんで離さないなどの困った行動が習慣化している場合、飼い主の態度が原因。「コラ!」「ダメ!」などと犬を追いまわすのはやめて、無視することが大切です。

トイレのトラブルを解決!

そそうやマーキングをする

トイレをいつまでも覚えなくて悩んでいる人は、とても多いのが現実です。しかし、ワンコのトイレ問題は、飼い主さんに原因がある場合がほとんど。もう一度しつけ法を見直してみましょう。

「現行犯で叱る」のはまちがい

そそうを見つけたとき、誰もがしてしまうことは、大きな声で犬を叱ることではないでしょうか。そして、そそうをした後で叱っても効果がないと、次にしてしまうのが「現行犯で叱る」こと。

しかし、これはいずれもまちがいです。

そそうをしているときに怒られると、犬は排泄することが悪いことだと勘ちがいします。その結果、排泄を我慢したり、隠れて排泄することも。また、便を隠そうとして、食フンすることもあります。

また、そそうをしたときにおおげさに叱っていませんか？　犬は飼い主の注目を引きたいとき、わざとそそうをするようになってしまいます。

放し飼いをやめて練習を

そそうをするのは、犬ではなくて飼い主の責任です。そそうをさせない環境と、トイレで排泄する習慣をつけてあげましょう。

トイレを覚えてもらうには、飼い主が根気よく排泄管理してあげることが大切です。排泄管理とは、ふだんはハウスに入れておき、タイミングをみてトイレへ連れていくこと。このとき、トイレはサークルで囲っておくことが重要です。トイレへ連れていくタイミングはP59を見てください。放し飼いをしていると、なかなかトイレを覚えません。放し飼いをやめ、トレイのトレーニングをしましょう。トイレのしつけはP58を参考にしてください。

こんなまちがいしていませんか？

トイレのトラブルをかかえているなら、次の6項目を要チェック。これらの行動はやめて、トイレトレーニングをやり直しましょう。

1 そそうを見つけたら叱っている

犬は排泄することをいけないことだと思って、隠れてするようになります。

2 そそうのたびに大声で騒いでいる

飼い主の注目を引きたいとき、わざとそそうをするようになります。

3 サークル内にハウスとトイレを置いている

犬はきれい好き。ハウスとトイレは離れた場所に設置しましょう。

4 トイレに汚れたシーツを置いている

犬はとてもきれい好き。汚れたシーツはすばやく処理すること。

5 放し飼いにしている

放し飼いではトイレのしつけはできません。ハウスとサークルを利用して、トイレのしつけ（P58）をしましょう。

6 トイレの場所をあちこちかえている

トイレの場所がかわるととまどいます。一度決めたら、場所はかえないこと。

シーン別トラブル対処法

Trouble Shooting

そそうがしてあった・そそうをしている

→ 犬を無視して、無言で片づけます。

そそうをしそう

→ 名前を呼ぶなどして犬の気をそらせ、すぐにトイレへ連れていきます。トイレで排泄したらほめます。

室内で足を上げてオシッコをする

→ オス犬がオシッコのときに足を上げるのは、習性です。メス犬でも足を上げる場合があります。去勢手術をすることで、足を上げなくなる場合もありますが、直らないケースもあるでしょう。

トイレで足を上げる場合は、やめさせるのは難しいので、尿が外に出ないようにトイレを工夫してください。

室内のトイレ以外の場所で足を上げるのは、なわばりをアピールする行動。犬がボス的存在になっています。3大しつけ法(P32)をして、家族がリーダーシップをとることが大切です。それと同時に、トイレのしつけ(P58)をしましょう。

ワンコMEMO

水分のとりすぎも原因のひとつ

犬は、人とちがって汗をかかない動物です。だから、人と比べると少ない水分でOK。食事や運動のときは、もちろん水分が必要です。しかし、ふだんから水分を与えすぎると、排泄量が多くなるため、そそうの確率も高まります。水の飲ませすぎには注意しましょう。

WAN WAN アドバイス

留守中のそそうは分離不安が原因かも

家族の留守中に犬がそそうをした場合は、分離不安(P80)が原因かもしれません。

子犬の時期に、犬を長時間ひとりで留守番させないことが予防になります。分離不安が疑われるときは、しっかり留守番のしつけ(P80)をすることが大切。外出前後は、犬を無視することも効果的です。留守番はハウスでさせるようにしましょう。

散歩中に足を上げてマーキングする

マーキングはなわばりを主張する行動。散歩中に自由にマーキングさせていると、権勢本能が発達します。

マーキングは、リーダーウォークをしっかりすることで防止します。また、電柱などマーキングをしそうな場所を避けて、歩くようにするのもおすすめです。

マーキングをしそうになったら、リードを一瞬ゆるめてから

キュッと引いてやめさせます。

マーキングをしそうな場所（電信柱など）から離れて歩く方法もおすすめ。

うれしょんする

家族が帰宅したり、来客があると、うれしょん（オシッコをもらす）する犬がいます。これは、幼児期に母犬になめてもらって排泄された記憶が残っていることが原因です。うれしょんは習慣化しやすいので、早めにやめさせること。

放し飼いをやめて、ハウスで留守番させることが基本です。また、うれしょんをしても、「ダメねえ！」などと声をかけないこと。声がけは、うれしょん行動を習慣化する原因になります。うれしょんをしたら、無視して片づけましょう。

DOG質問箱

Q 環境がかわるとトイレができません

A シャイな犬、気質が弱い犬、小型犬に多い行動です。場所がかわると排泄できないのは、生後3か月までの社会化期の体験不足が原因。子犬のうちからいろいろな場所でトイレをさせておきましょう。

ちがう場所でも排泄できるようにするには、積極的にいろいろな環境に連れて歩くことです。徐々にどこでも排泄できるようになるでしょう。また、トイレができないからといって、「どうしてできないの？　ダメでしょ!」などと、声をかけるのは逆効果。飼い主が無言で堂々としていると、犬は安心して排泄するものです。

散歩のトラブルを解決!

散歩で勝手に歩く

飼い主をぐいぐい引っぱって歩く犬をよく見かけます。犬が人より前に出るのは、典型的なボス的行動。放置しておくと、あらゆる問題行動へとつながります。散歩はリーダーウォークが基本です。

リーダーについて歩きたくなるワンコのきもち
ボスさまのお通りだワン!
リーダーが前を歩くって犬社会ではきまってんだ
がるるる
うしろからついてくるのは子分だよ!
くんくん!
ボス
ア! 前から犬がくるゾ
うちの犬は元気があっていいなぁ…
ワンワン!
ワン!
ある日リーダーウォークされて…
きゅっ
ピーン
あれれ? あっちに行こうとすると首が気持ち悪いワン!!
ン!? こっちに行ってもおんなじだ!
きゅっ
ピン
この人と同じほうに歩いたほうがよさそうだぞ…!
それにしても… きのうまでと別人だ ボクの前を堂々と歩いてカッコイイな!!
ボクが子分でいいや♪
この人こそリーダーにふさわしいな あなたについて歩くよ! 従いたくなったワン♪

リードを引っぱって歩くワンコは…

散歩のトラブルでいちばん多いのが、リードをぐいぐい引っぱって歩き、飼い主が犬に引きまわされるというケースです。

一見、リードを引いて先頭を歩く犬は、元気がいいように思われがち。しかし、リードを引っぱって歩く行動は、権勢症候群（P95）の典型的な例です。

リードの引っぱりぐせを放置していると、犬のボス化がどんどん悪化し、さまざまなトラブルを引き起こします。逆に、散歩のときに犬が飼い主について歩くようになると、ほかのトラブルも解決するのです。なぜなら、犬が飼い主をリーダーとして認めたからです。

たかが散歩と甘くみてはダメ。散歩で飼い主が主導権を握ることができれば、従順な犬に変身するのです。

散歩の主導権は飼い主が握りましょう。

リードは張らず、少したるんだ状態で散歩するのが正解。

基本はリーダーウォーク

リードの引っぱりぐせを直すには、リーダーウォークをすればOK。リーダーウォークのやり方はP34～39を参考にしてください。

わがまま放題だった犬も、リーダーウォークをすることで、びっくりするほど飼い主のいうことをきく犬になります。

犬をボス化させる行動チェック

下のような行動は、すべて犬のボス化を進行させます。
散歩の主導権は飼い主が握るようにしましょう。

散歩は毎日行く

かならず毎日散歩に行く必要はありません。散歩に行くか行かないかは、飼い主が決めましょう。

いつも同じ時間に散歩に行く

同じ時間の散歩は、要求吠えの原因になります。時間を決めずに不定期に散歩に行きましょう。

犬が散歩に行こうと吠えるので、それに従う

犬に催促されて散歩に行くのはダメ。要求吠えは無視し、飼い主が行きたいときに出かけましょう。

玄関を開けると犬が先に出る

どんなときでも、先に出るのはリーダーです。人が出てから、犬が出るようにしましょう。

散歩中は犬が人より前を歩いている

散歩は群れの移動を意味します。先頭を歩くのはリーダーです。犬は人について歩かせましょう。

においをかぎ放題、マーキングし放題にさせている

これらの行動は権勢症候群を進行させます。散歩中は勝手な行動をさせないように制御しましょう。

ワンコMEMO

自転車での散歩はOK？

自転車で長距離の散歩を日常的に行なっていると、犬はどんどん体力がつき、その運動量を要求するようになります。それが満たされないとストレスを感じるようになります。また、自転車で散歩をしているときに、急に走り出したり、止まったりすると人も犬も危険です。

大型犬だから運動量が必要ということはありません。自転車での散歩は、とくにする必要はないでしょう。

散歩は自転車ではなく歩いていくのがおすすめ。

シーン別トラブル対処法

なぜそうなってしまうのか、原因を特定することが大切です。
原因がわかったら、それに応じて対処していきましょう。

●飼い主をぐいぐい引っぱって歩く、好きな方向へ行ってしまう

これは、権勢症候群の典型的な状態です。
リーダーウォーク（P34）を徹底しましょう。

犬の行きたい方向へは行かせないこと。人が自由に歩きます。リードを張らないこと。

方向を変えるときはリードを一瞬ゆるめてからきゅっとターンします。これをくり返しましょう。犬を見ないで、無言で歩きます。

●ほかの犬に向かっていく

散歩は群れの移動を意味するため、ほかの犬との出会いは群れと群れの遭遇をあらわします。犬が相手に向かっていったり、吠えたりという行動が起こりがちです。飼い主が制止できれば問題ありませんが、制止できないときは、犬がボス的存在になっているしるし。リーダーウォークを徹底して、主従関係の再構築をしましょう。

このとき、犬の気をそらそうとしてボールやエサをやるのはダメ。

犬のほうへ行こうとしたら、リードをゆるめてからきゅっとロック。犬を見ないで無言でやること。

静かにすれちがえるならふつうに歩いてOK。犬と犬がそばを通らないように、人と人がすれちがう位置関係にします。

よくない位置関係の例。犬同士がすれちがうと、思わぬケンカになることもあります。

犬が相手の犬に反応しそうな場合は、スワレをさせましょう。

シーン別
トラブル
対処法
Trouble Shooting

●散歩中に座ってしまう・散歩中、突然走り出す

飼い主に対する反抗が原因のとき

リードを張らず、ゆるめてチョンと引きます。リーダーウォークをくり返して練習しましょう。

チョン
チョン
ペタン

これはNG

リードを力づくで引っぱると、かえって抵抗して動きません。

環境に恐怖を感じているとき

ここには怖い犬がいるんだワン。通りたくないよ！

声をかけずに、リードをチョンと引きましょう。恐怖の対象がわかっているなら、その場所を無理に通らないことも大切です。

どうしても通る必要があるなら、怖がる前に抱いて通りすぎます。

怖がる前にエサをやるなど飼い主に気持ちを集中させてもOK。怖がってからエサをやるのでは遅すぎます。

太っていたり、股関節の病気があるとき

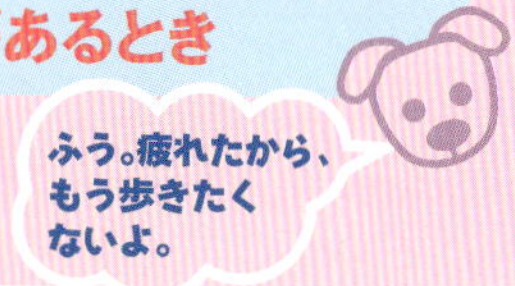

ふう。疲れたから、もう歩きたくないよ。

犬が座りこむ前に、早めに散歩を切りあげましょう。肥満犬はダイエットさせることも大切です。

そろそろ帰ろうね
帰るワン！

WAN WAN アドバイス　散歩中の飛びつきはどうする？

散歩中に、前から歩いてきた人や知人に対して、犬が飛びつく行動をすることがあります。

散歩は群れの移動を意味するので、ほかの人が前からくることは、犬にとってはほかの群れとの遭遇にあたります。その相手に対して飛びつくのは、群れを守ろうという行動。犬が人に従属していれば犬はでしゃばらないもの。主従関係をしっかり教えることが大切です。犬が飛びつこうとしたら、スワレをさせて待たせましょう。

飛びつきはダメ。

きゅ！

飛びつこうとしたら、リードを一瞬ゆるめてきゅっと引きます。

玄関から飛び出す

自分が先に出ようとするのは、犬がリーダーになってしまっています。人が先に出ることが大切。

出ようとしたらドアを閉めます。これをくり返します。

開けても出なくなったら、人が先に出てから犬をついてこさせます。

自転車や走る人などを追いかける

犬は動くものを追う習性がありますが、飼い主がマテなどで制御できるなら問題ありません。

追おうとしたら、犬のほうへ戻って一瞬リードをゆるめます。

すばやくきゅっと引いてロックします。

DOG質問箱

Q　うちの犬は、散歩のとき、においをかいでばかりいます。好きにかがせてもいいですか？

A　犬はにおいをかぐ習性がありますが、自由にかがせるのはよくありません。リーダーウォークをしているときは、においをかがせないこと。そして、自由に遊ばせるときは、においをかがせてもOKです。

においをかごうとしたら、かがせずにリーダーウォークで歩きましょう。

むだ吠えのトラブルを解決!

吠える

ワンワン! 犬が吠えるのは習性ですが、うるさく吠え続け、
飼い主が制御できないのは問題です。犬が吠えるのには原因がいくつかあります。
その原因にあった対処法で解決しましょう。

「吠えたら叱る」はまちがい

犬が吠えたら叱る人が多いはず。でも、たいていの場合、大声で叱れば叱るほど、なおさら吠えるという結果になっていませんか。

飼い主が「うるさい! こら!」などと声をはりあげると、犬は「よし! がんばれ! もっと吠えろ!」と応援されているように感じてしまうのです。そして、興奮してさらに吠えるということになります。

また、神経質な犬が怖がって吠えているときも、飼い主が「大丈夫よ、怖くないから」などと過剰に声をかけるのは逆効果。声をかけると、犬は「怖い」という気持ちを強化してしまいます。

●吠える犬の気持ち

わがまま
自分の要求をかなえてほしくて吠える
エサや散歩の要求、遊んでほしいなど

警戒
なわばりへ近づくものや不審なものに吠える
ドアホンや来客に吠える、怖いものに吠えるなど

分離不安
孤独やさみしさから吠える
夜鳴き、留守番でのむだ吠えなど

興奮
うれしくてテンションが上がり吠える
散歩の前、ボール遊びで走っているときなど

吠えるワンコにはこんな方法で対応

犬が吠えている理由を知り、それを改善していきましょう。

1 リーダーシップをとる

吠えたとき、スワレやマテで制止できることが大切。権勢症候群（P95）が疑われるときは、3大しつけ法（P32）をやりましょう。

ワン!
ワンワン!

2 わがままな要求は無視する

すべての主導権は飼い主が握ること。犬の要求はだまって無視しましょう。「うるさい!」などと叱っても効果はありません。

3 吠えやすい環境を改善する

ハウスの場所を見直すなど、犬が安心して生活できる環境を整えます。神経質な犬は、いろいろな環境やできごとにならしましょう。

4 分離不安には留守番トレーニングを

さみしくて鳴く犬には、留守番のしつけ（P80）をします。「いってきます」や「ただいま」は言わないこと。外出前後は犬を無視。

5 直接対決は避け、天罰方式を

叱ったり、たたくなどの体罰は絶対にダメ。吠えるといやなことが起こる天罰方式（P22）を活用します。天罰方式なら人に不信感を抱きません。

6 ストレスは上手に解消!

コミュニケーションや精神的、肉体的活動が不足するとストレスがたまりむだ吠えの原因に。愛情ある関係と適切な活動を欠かさずに。

ねえ、散歩に行こうよ。ワン!

遊ぼうよ。ワン!

●散歩やエサの時間が近づくと吠える・かまってほしいと吠える

　自分の希望をかなえてほしいという要求吠えは、だまって無視すること。
　また、エサや散歩の時間を決めると、犬が時間を覚えるため、要求吠えの原因になります。エサや散歩の時間は決めないことも大切です。

ワンワン!

犬が何かを要求して吠えてもだまって無視します。

これはNG ✕途中で要求をかなえない

あまりにうるさく吠えるからといって要求をかなえるのはダメ。吠えれば要求がかなうと学習して、さらにしつこく吠えるようになってしまいます。

反応がないとつまらない…
ワン!
ワン
ほら!散歩の時間だぞ
早く!行こうよっ!!
ワン!(散歩!)
ワン!(散歩!)
ワンッ!(散歩!)
あれ?おかしいな…
吠えても反応ないよ。
つまらないの
…
…吠えるのやーめた!

食事していると吠えてほしがる・イスやテーブルに上がろうとする

家族が食べているものを食べたいという要求吠えです。一度でも家族の食事をおすそわけすると、もらえるまで鳴くようになります。

人の食事は絶対にあげないこと。また、家族でルールを決めて、誰かがこっそりあげないようにすることが肝心です。

犬が吠えても無視すること。しつこく吠えるときは、天罰方式(P22)を試してみましょう。

誰かに協力してもらいます。キャスターがついているテーブルにひもをつけて準備。

犬が吠えはじめたら、犬に向かってテーブルを押します。

犬が驚いて静かになったら、ひもを引いてテーブルを離します。吠えたらまた、テーブルを押しましょう。数回くり返すと吠えなくなります。

ハウスの中で吠え続ける

ハウスから出してほしい、かまってほしいという要求吠えです。静かになるまで無視しましょう。

また、次の天罰方式も効果的です。

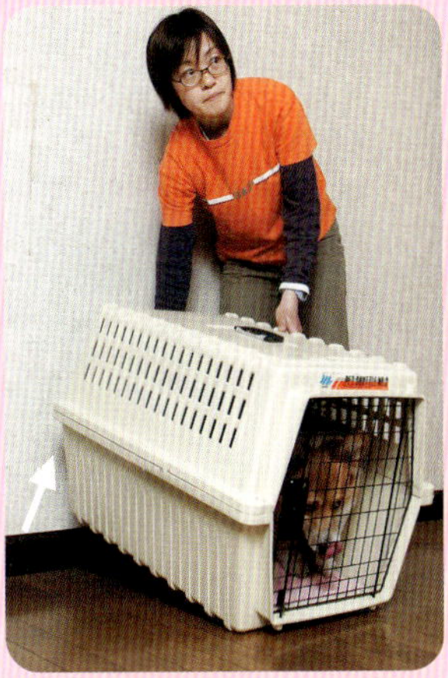

犬が吠えたらハウスを傾けます。吠えると不安定になるので吠えるのをやめます。これを数回くり返しましょう。

吠えているときにハウスの扉を開けると、犬が出ようとします。

出ようとしたらすぐに扉を閉めます。これをくり返しましょう。

やがて扉を開けても出なくなり、おとなしくなるので扉を閉めます。この開閉法は、ハウスを開けると飛び出してくる犬を落ち着かせたいときにも有効です。

ドアホンが鳴ると吠える

ドアホンが鳴ると吠える犬はとても多いです。これは、ドアホンが鳴ったあとは来客があることを経験的に知っているため、自分の領域を守ろうとする本能的な行動。

数回吠える程度なら問題はありません。主従関係がしっかりしていれば、飼い主が守ってくれると思うので、飼い主のマテで鳴きやみます。

いつまでもしつこく吠えるときは、犬がボス化している可能性あり。3大しつけ法（P32）をやり直して、従属心を養いましょう。

リードが犬につけてあるなら、犬が吠えたときに一瞬ゆるめてからキュッと引きます。

また、お酢スプレーを利用した天罰方式もおすすめです。

or

水で薄めたお酢をスプレーに入れておき、吠えたら犬の頭上にスプレーします。犬と目をあわせないで行なうこと。

玄関に走り出る

来客時やドアホンが鳴ったとたん、玄関に突進していく犬がいます。これは、自分の領域を守ろうとする本能的な行動ですが、犬がリーダーになってしまっている場合ほど、この傾向が強くなります。犬が家族を守ろうとして、訪問者をかむことも。3大しつけ法（P32）をして、主従関係を築くことが基本です。

また、放し飼いにせず、ふだんはハウスへ入れておくことも大切。放し飼いにすると、犬は家全体の領域意識が強まり、訪問者があると吠えて警戒するのです。マットやお酢スプレーを使う天罰方式（下記）も効果的。

マットを裏返してヒモをつけておき、隠れます。協力者にドアホンをならしてもらい、犬が走り出てくるのを待ちましょう。

犬がマットにのったところでヒモを引きます。

すってんころりん。何回かくり返すと、玄関に走っていくといやなことがあるので出なくなります。

お酢スプレーをかける方法もおすすめです。

お客さんに吠える

自分の領域に入ってくる侵入者に対して警戒と防備のために吠えるのは、犬の本能的な行動です。

数回吠える程度ならOKですが、しつこく吠える場合は、犬が飼い主を信頼していない証拠。3大しつけ法（P32）を行ない、リーダーシップをとりましょう。来客時はハウスに入れておく習慣をつけます。

神経質で臆病な犬ほど、吠えたり威嚇《いかく》したりしがち。子犬期に多くの人に会わせることが大切ですが、おとなになってからも、たくさんの人に会わせましょう。

ワンワンワ…
反応ないよ…
お客さんに協力してもらい、犬が鳴いても無視します。

ワンワン
ワ…
キュッ
リードをつけておき、鳴いたらリードをきゅっと引く方法もおすすめです。

神経質でむだ吠えが多い

臆病で神経質な犬がよく吠えるときは、環境に問題があるのかもしれません。

ハウスの場所は、犬が静かに落ち着ける場所へ移動してください。屋外に犬小屋があり移動が無理なら、道路を歩く人が見えないように目隠しをするなど工夫しましょう。犬小屋は道路側ではなく、家の裏など落ち着ける場所へ移動をしましょう。

静かでいいワン
ハウスは落ち着ける場所に移動します。

人や車が見えないように目隠しをしましょう。

留守番をさせるとずっと吠えている

外出の前後は犬を無視すること。

留守中のむだ吠えは、分離不安が原因です。いきなり長時間の留守番をさせずに、少しずつ練習してください。

また、「留守番お願いね」とか「いってきます」などのあいさつはタブー。外出の前後は犬を無視すること。留守中はハウスに入れておきましょう。

人を威嚇したり、かむトラブルを解決!

うなる&かむ

気に入らないと鼻にしわを寄せてうなったり、人をかむ行動に出る犬がいます。これは犬がボスになっているサイン。人をかむのは深刻な問題です。理由をよく考えて、慎重に対処しましょう。

基本のしつけをやり直そう

犬をどかそうとしたり、体にさわろうとしたときなど、気に入らないと「ウウ!」とうなることはありませんか?　ひどいときは、人をかむこともあります。

飼い主に対してうなって威嚇《いかく》したり、かむ行動に出る犬は、権勢症候群が悪化しています。人と犬の主従関係が逆転しているので、まずはリーダーシップをとることが肝心です。リーダーウォークなど3大しつけ法（P32）をしっかりやり、犬の従属心を育てましょう。

かみぐせがついてしまって手に負えないときは、専門家に相談することも大切です。

飼い主に反抗的な態度をとるときは、まずリーダーウォークで従属心を養うことからスタート。

シーン別トラブル対処法

Trouble Shooting

●気に入らないと、うなる・かむ

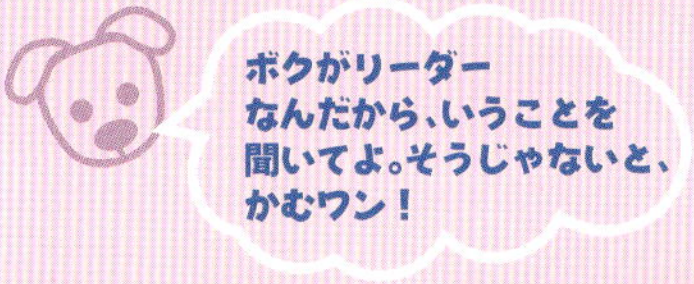
ボクがリーダーなんだから、いうことを聞いてよ。そうじゃないと、かむワン！

体にさわろうとするとうなる、ソファや通り道にいる犬をどかそうとするとうなるなど、気に入らないとうなったり、かもうとするのは、権勢症候群の典型的な行動です。

従属心を育てるために、基本のしつけをやり直しましょう。はじめは無理やり従わせようとするとかむことがあるので、無理じいしないこと。うなっても無視します。

リーダーシップのとり方はP18を、3大しつけ法はP32を見てください。

リーダーウォーク（P34）を練習して、人がリーダーシップをとることが大切です。

犬が飼い主について歩くようになるまで、しっかり練習しましょう。

リーダーウォークができるようになって従属心が育ってきたら、マズルコントロール（左）やタッチング（右）のしつけをやりましょう。

●オモチャやくわえているものを取ろうとすると、うなる

なんだよ！
これはボクのだぞ。
絶対に渡さないワン！

犬は獲物など自分のものを守ろうとする監守《かんしゅ》本能があります。また、くわえているオモチャやボールを出させようとするとうなって抵抗するのは、権勢症候群のしるし。

従属心を育てることと、放したらエサと交換するといった方法で対処しましょう。くわえているものを出させる方法は、ボール遊び（P151）を見てください。

犬はくわえているものを引っぱると、さらに強くかんで放そうとしないので、引っぱりあいは厳禁。エサと交換するようにしましょう。

●食べているときエサ容器に近づくと、うなる

これは私の
エサなんだから、
とらないで！
そばにこないで
ワン！

犬には自分の獲物を守り、奪われまいとする監守《かんしゅ》本能があります。しかし、飼い主に対してうなるのは、権勢症候群の症状のひとつ。飼い主を下位だと認識しているため威嚇するのです。こういう犬にはリーダーシップをとることが大切。

子犬の頃から、エサは人からもらうものだと学習させましょう。

成犬になっている場合は、うなる行為を直すのは難しいかもしれません。人はエサを奪うものではないと安心させること。エサ容器に一度入れたエサは犬のものなので、食事中に近づいたり、奪うそぶりを見せないようにしましょう。

ひと口エサ作戦～食器を使う

子犬の頃から練習します。通常のエサやりのときにやってみましょう。

1 エサと空のエサ容器を用意。

2 犬を座らせてマテをさせ、からの食器を犬の前に置きます。

マテ

3 犬が上手に待っていたら、食器に数粒ドッグフードを入れ、マテをさせます。

ヨシ
ぱくぱく

4 「ヨシ」で食べさせます。これをくり返しましょう。

ひと口エサ作戦～手を使う

食器があるとうまくいかないときは、この方法を試してください。「食器」が間に入ると、犬が自分のものだと思って守りたいという本能が働きます。手から与えるほうが、人からエサをもらうことを認識しやすいでしょう。

マテ

1 エサを手にのせます。犬を座らせてマテをさせましょう。

ヨシ
ぱくぱく

2 「ヨシ」で手から食べさせます。これをくり返します。

●グルーミングすると、うなる

リーダーでも
ないくせに、
勝手にさわら
ないで！

もともと犬は手足やしっぽ、口の中など末端部をさわられるのが苦手。グルーミングをしようとするとうなったり、かもうとする場合は、いくつか原因が考えられます。

1. さわられることになれていないケース。また、主従関係が逆転していると、下位のものに体をさわらせまいとして威嚇します。

2. 過去に痛かった経験があるなど、いやな記憶があるケース。

3. 病気やケガで体のどこかが痛いこともあります。これまでは平気だったのに、急にいやがるようになったときは、病院で健康診断をしてもらうとよいでしょう。

1と2のケースでは、少しずつ体をさわることにならす練習をしてください。手でさわることが平気になってから道具（ブラシ、つめ切りなど）を使うようにします。

タッチング（P44）をしっかり練習。エサをあげながらタッチングをやると効果的です。

●じゃれて人の手をかむ

じゃれて手をかむのは、甘がみの延長です。自分と相手との力関係を試す行動。

リーダーシップをとり、主従関係をしっかり築くことで、じゃれてかむという行動はしなくなります。犬が人をかもうとしているときは、マズルコントロールをするのはかえって危険。かもうとしたら無視すること。

私とどっちが
強いかしら？
かんでもいいって
ことは、私のほうが
強いのね！

日頃からホールドスティルとマズルコントロール（P40）をすることが大切です。

いたずらや食事のトラブルを解決!

かじる・なめる・食べる

スリッパや家具をかじったり、飼い主や自分の体をなめるといった行動には、それぞれ理由があります。また、偏食や拾い食いといった食べることにまつわる問題もすっきり解決しましょう。

シーン別トラブル対処法

Trouble Shooting

●スリッパや靴をかじる

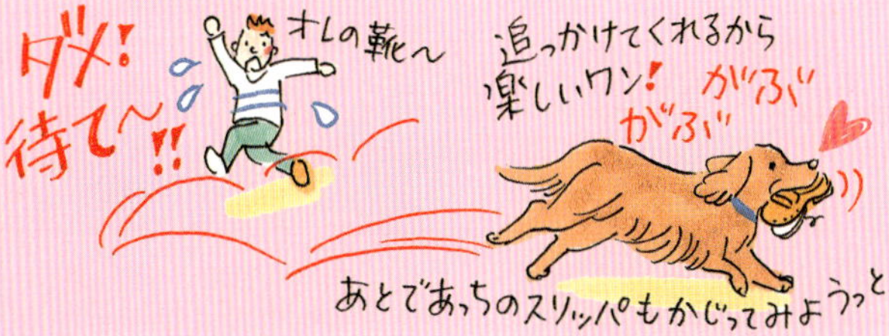

もともと犬はスリッパや靴が好きなわけではありません。しかし、犬がスリッパなどをくわえたときに、大声で叱るなど飼い主が過剰に反応していると、犬はだんだんおもしろがってスリッパなどをかじるようになってしまうのです。くわえた犬を追いかけたり、無理やり取り返そうとするのは逆効果。

スリッパなどをかじるようになってしまったら、次の方法でやめさせます。

リードをつけておき、スリッパなどをかじったら、きゅっと引いてやめさせます。放したスリッパをすぐに取ると犬は取り返そうとするので、犬が見ていないときに片づけること。

音が出るものを投げる天罰方式も効果的。犬を見ないようにして無言で投げるのがポイント。

WAN WAN アドバイス スリッパや靴下を払い下げない

古くなったスリッパや靴、靴下などを、犬のオモチャとして与えていませんか? 本来、犬社会ではリーダーのものを下位のものがもらえるということはありません。また、犬はかじっていい靴とそうでない靴の見分けができないものです。犬に与えるオモチャは、犬専用のものを用意すること。放し飼いにして自由を与え続けることで、犬は好き勝手な行動をはじめます。自由を与えすぎないように管理しましょう。

家具などをかじる・ゴミ箱をあさる

家具やクッションをかじったり、ゴミ箱をあさるのは、主従関係がしっかり築けていないのが原因。基本のしつけ（P32）をしっかりやることが大切です。また、かんだりしたときに叱ると、犬は応援されていると勘ちがいし、よけいやるという悪循環に。

犬がいたずらをしたら、無言で天罰を与えましょう。ただし、犬を見ないで行なうこと。

また、外出中に破壊行動をする場合は、分離不安が原因です。留守番のしつけ（P80）をして、外出前後は犬を無視すること。外出中は犬をハウスへ入れておく習慣をつけましょう。

リードをつけておき、悪いことをしたらきゅっと引きます。

からのペットボトルを用意しておき、ゴミ箱をあさったら、無言で犬のそばに投げましょう。

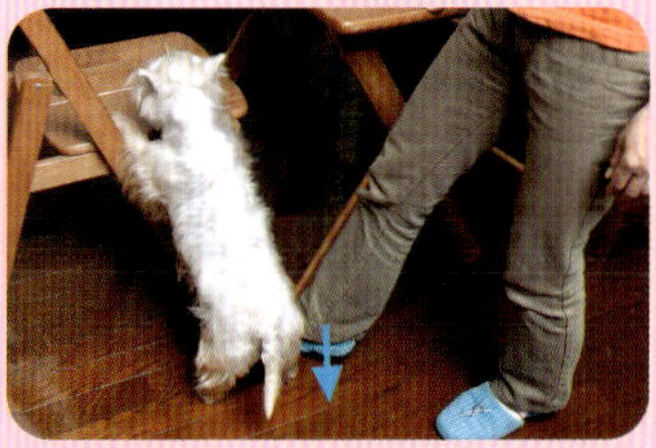

かじったり、いたずらをしようとしたら足払いをするのも効果的です。

フンを食べる

フンを食べる行動は、人から見ると異常に見えますが、犬にとっては異常ではありなせん。もともと母犬は子犬のフンを食べて処理します。犬がフンを食べても、あまり神経質にならないこと。飼い主が大げさなリアクションをすると、注目を引きたくて、かえって食べるようになっているケースがほとんど。食フンしても叱らずに無視すること。きちんと排泄を管理して、排泄後は、すぐに片づけることで予防しましょう。

また、ドッグフードの銘柄をかえてみるのもおすすめ。においが変わると食べなくなることがあります。

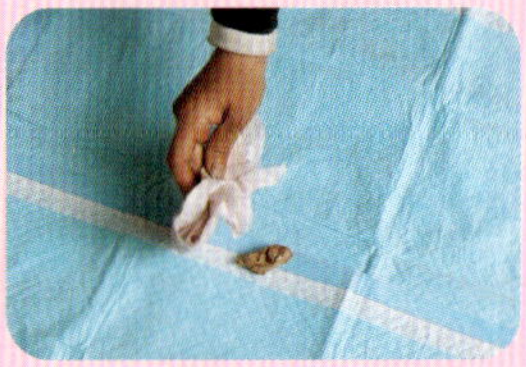

排泄後はすぐに片づけること。フンを食べても叱らずに無視しましょう。

人の顔をなめる

アレ?

犬が顔をなめてきたら、だまって顔をそむけるか、立ち上がってしまいましょう。

　野生では、子犬は母犬の口をなめてエサを吐き戻してもらうという行動をとっていました。このときの習性が残っているため、犬は飼い主の口をなめることがあるのです。

　実際は、顔をなめてもエサはもらえません。でも、飼い主が犬が顔をなめる行為を愛情表現だと思って喜んでいると、犬は顔をなめると喜んでくれると学習してしまいます。中には、飼い主に媚びをうろうとしてなめるワンコもいます。

　いずれにしても、犬に顔をなめさせるのは、やめさせるべきです。

なめても
エサは出ないけど、
うれしそうだから
またやってあげる
ワン。

自分の体をしつこくなめる

さみしいなあ。
ペロペロなめると
落ち着くワン。

ストレスの原因を取り除くこと

　足や下腹部など、自分の体の同じ場所をしつこくなめるのは、グルーミング行動と呼ばれ、ストレスが原因です。ストレスになっている原因を探して、取り除いてあげることが先決。

　ストレスの原因で多いのは分離不安。その場合、留守番のしつけ（P80）を行ないましょう。外出の前後は犬を無視し、「いってきます」と「ただいま」のあいさつは絶対にしないこと。

　ハウスの場所は落ち着かない場所にありませんか？　犬が快適に過ごせる場所に移動を。

　活動不足やコミュニケーション不足もストレスになります。適度な活動と、愛犬との信頼関係を築いてください。

エサを食べない・遊び食いする

食べないときは下げてしまう

　犬が急にエサを食べなくなった場合は、まず健康面を疑います。病気の可能性があるときは、動物病院へ連れていきましょう。

　健康には問題がないのに、エサを食べない、残すといった場合は、わがままが原因かもしれません。「あら、このドッグフードは飽きたのかしら？　別のメーカーのフードをあげましょうね」なんて対応をしていませんか？　こうなると、犬は食べないと、もっとおいしいエサがもらえると学習して、エサを食べなくなってしまいます。

　偏食や遊び食いには、エサをすぐに下げる方法が正解。食べないとエサがもらえないとわかれば、食べるようになるものです。

　具合が悪いのでなく、わがままからくる場合は、エサをかえたりする必要はなし。1日くらい食べなくても平気なので、食器を片づけてしまうこと。

食べないと
おいしいエサが
出てくるんだよ。
これはもう飽きたから、
食べたくないんだ。

●拾い食い

落ちている食べものを食べてしまうのは、犬が悪いのではなく、食べさせてしまっている飼い主の責任です。落ちているものは食べてはいけないということを学習させましょう。

また、散歩はリーダーウォーク（P34）が基本です。自由ににおいをかいだり、犬が好きな方向へ行かないようにすれば、拾い食いはできません。

落ちているものは
食べてもいいに
決まってるワン！
早いもの勝ちだよね。

道路にエサを置いて練習する

落ちているものを食べない練習をしましょう。

1

あらかじめ、エサをいくつか道路に投げておき、その近くを歩きましょう。犬がエサのほうへ行こうとします。

2

きゅ！

一瞬リードをゆるめてからきゅっと引きます。これをくり返すこと。無言で視線を合わせないことが大切。

3

マテ

やがて犬は落ちているものは食べられないと理解します。そうしたら、投げておいたエサのそばでスワレをさせます。

4

ぱくぱく

エサを拾って食べさせましょう。エサは人の手からもらうものだということを理解します。

飛びつき行動を解決!

飛びつく

帰宅したときや道で遭遇した人などに飛びつくワンコが多いです。
飛びつきは、その人を歓迎しているわけではありません。
お客さんを含めて、人には飛びつかないようにしつけましょう。

飛びつきは支配欲を育ててしまう

かわいい愛犬が飛びついて迎えてくれるのがうれしい、という飼い主さんは多いはず。

でも、ちょっと待ってください。犬が飛びついたり、マウントするのは、人に対する優位性を示す行動。放っておくと、犬がリーダー化してしまう危険性が大です。また、大型犬の場合、飛びつかれた相手が子どもだと、倒れることもあるのでとても危険。

飛びつきは、放っておかず、早めにやめさせるようにしましょう。散歩中の飛びつき行動はP104を見てください。

どっちがエライかな？
ただいま〜
ワンワン!!
ガシッ
そうかー お迎えしてくれるのね…さみしかったの？
フムフム 飛びついてもヘイキってことは…
ワタシはこの人よりエライってことね
フフ…
アレ？

シーン別トラブル対処法

Trouble Shooting

飛びつきは、基本的に上位のものが下位のものにする支配的行動。許可せずに犬が勝手に飛びつくのはやめさせましょう。

●帰宅すると飛びつく

飼い主の帰宅を歓迎して飛びつき、それに飼い主が反応していると飼い主の帰宅を期待するようになり、分離不安につながります。

帰宅時の飛びつきを許していてはダメ。

飛びつこうとしたら、体をそむけて扉に向かって立ちます。

犬を無視してさっさと移動してもOK。

●お客さんに飛びつく

自分のなわばりに入ってきた人に対して、自分の存在をアピールする行動です。お客さんを歓迎しているのではないので要注意。

協力してもらえるとき

玄関での飛びつきはダメ。

体をそむけて無視してもらいましょう。

リードでコントロールする場合

お客さんに飛びついたら、すぐにリードを一瞬ゆるめます。

きゅっと引いてやめさせます。

ワンコMEMO 「ただいまの儀式」は分離不安の原因に!

帰宅したらワンコが迎えてくれて、飛びついて抱きあい再会を喜ぶ。こんな人はいませんか? 帰宅時の大げさな「ただいまの儀式」は、犬の分離不安の原因にもなります。上手に留守番をさせるためにも、「飛びついてただいま」はタブーです。

WAN ランクアップ column

WAN! Rank up

わかってほしいワン！犬のボディ・ランゲージ

犬は鳴き声やしぐさで、気持ちを精いっぱい表現しています。愛犬の気持ちがわかれば、しつけもしやすく、お互いの信頼感もより深まるはずです。犬のボディ・ランゲージを知っておきましょう。

鳴き声

強弱をつけて鳴いたり、高く鳴いたり、長く鳴いたり。鳴き方のちがいで気持ちがわかることもあります。

ワンワン！

もっとも一般的な犬の鳴き声。警戒しているとき、飼い主に何かをお願いするとき、興奮しているときなど、ワンワン鳴きます。細かいニュアンスを聞き分けるのは難しいので、吠える回数や強弱、しぐさや表情、まわりの状況などとあわせて気持ちを判断。

クーン、クーン

甘えているとき、さみしいときの鳴き方。遠慮がちに何かをお願いするときもクンクン鳴きます。

ウ～ッ…！

相手を威嚇したり、おびえているときの鳴き方。鼻にシワを寄せたり、背中の毛を逆立てていることもあります。犬がこのようにうなっているときは要注意。

ワォ～～～ン

群れの仲間に居場所を教えるときの鳴き方。サイレンや音楽に合わせて、犬がこのように鳴くのは、仲間の遠吠えに似た音を聞いて、野生の本能が呼び起こされるからです。

いろいろなボディ・ランゲージ

基本的なボディ・ランゲージを理解しておけば、愛犬とのコミュニケーションに役立ちます。あんなしぐさ、こんなしぐさに、こめられた意味を覚えておきましょう。

飼い主を見つめる

何かを命令されるのを待っている状態で、服従心のあらわれです。スワレやフセなどをさせ、犬が従ったらほめましょう。進行方向に体を向けて振り返っているときは、いっしょにくるように飼い主を誘っているのです。

すわって片足をちょこんと上げる

信頼するリーダーに服従の気持ちをあらわすとき、なでてほしいときなどに、オスワリをしたまま、片方の前肢をちょこんと持ち上げるポーズをとります。

おなかを見せる

「鼠《そ》蹊《けい》部呈示」といわれる行動。弱点であるおなかを見せることによって、服従の意をあらわしているのです。飼い主が犬を強く叱ったり、大声でどなったときなどもゴロンとあお向けになります。

家族とお客の間に割りこむ

犬がボス意識をもっている場合、群れの仲間を守っているつもりで、このような行動をとることがあります。

WAN ランクアップ column

わかってほしいワン！ 犬のボディ・ランゲージ

伸び、あくびをする

犬は緊張から解放されたくて、伸びやあくびをすることがよくあります。また、犬に近づこうとしたときに伸びやあくびをするのは、敵意がなく、無抵抗だということを示しているのです。

鼻にシワを寄せ、歯をむきだす

相手を威嚇する行動。犬のような肉食動物が争えば、体をひどく傷つけてしまうため、できるだけ闘わずにすませるための習性です。「ウゥゥ…」とうなり声を伴っていることも多く、背中の毛まで逆立てている場合は、非常に危険な状態。

背中の毛を逆立てる

精神的に不安定な状態。神経過敏な犬、自衛本能の強い犬ほどよく毛を逆立てます。毛が逆立つのは、緊張・興奮することで自律神経に支配される背線《はいせん》部の交感神経が刺激されるから。リラックスしているときは毛は逆立ちません。

しっぽを足の間に入れ、耳を倒す

突出した部位を攻撃から守る守備行動で、おびえていたり、驚いたりしたときに、尾を巻き、耳を寝かせます。攻撃前に、このようなしぐさをすることもあります。

スワレ・フセ・マテ……。

Part 5

訓練&スポーツをマスター

トレーニングのポイント

ごほうびを使う訓練法だから犬が自分で考えて行動する!

オペラント訓練技法は、ごほうびを使ってトレーニングする方法。犬が楽しみながら訓練できるのが大きな特徴です。

大好きなエサを使って訓練を

オペラント訓練技法とは、犬が大好きなエサをごほうびに使い、訓練する方法です。飼い主が手に持っているエサを「どうやったら食べられるかな?」と犬に考えさせることで、自分からすすんで行動するようになるのが特徴。

おいしいエサを食べながらの訓練は、犬を叱ったり、どなったりする必要がないので、犬が楽しみながらできるトレーニングです。

何回もくり返して練習することで、だんだんごほうびを使わずに、「スワレ」などの声だけでできるようになります。できるようになっても、ときどきごほうびをあげましょう。

WAN WAN アドバイス 訓練のタイミング

スワレなどの訓練は、犬が集中できるときに行ないます。犬がエサを食べたいという気持ちが大切なので、食後はレッスンには向きません。眠いときや疲れているときもダメ。犬が元気で、やや空腹時がおすすめです。

はじめは無言で練習する

訓練は、はじめは無言で行ないます。無言で行なうことで、犬はどうやったらごほうびを食べられるか考えるのです。「スワレ」などができるようになったら、はじめて「スワレ」の言葉をかけましょう。すると、座ることが「スワレ」なんだと犬が理解します。

エサを食べたくて犬が興奮しているときは、だまって犬を無視すること。無視すると、犬はどうやったらエサを食べられるか考えます。犬が落ち着いたところで訓練をはじめましょう。

訓練は犬が楽しみながら喜んでできることが大切です。

ごほうびがあるとやる気がでるワン!
スワレだよ!
ぐいーっ
もう!なんでできないんだよ!
しゅん…
スワレ!
おすわり!
シットダウン!
どうすればいいの…?
オロオロ…
ボクおばかなの? なんかいじけた犬になっちゃうヨ…
あ!エサだ! どうしたら食べられるかな?
早く食べたいな!
スッ
ペタン
ヨシ
そうか!座ると食べられるんだ
ぱくぱく
覚えたゾ!
スッ
スワレ!
あ!これがスワレなんだ
ヨシヨシ
ワーイ ほめられた
ぱくぱく
ワーイ
スワレ
ヨシヨシ
ワーイ!
もうおやつなしでもできるヨ! ほめられるからウレシイよ

上手なトレーニングのコツ

スムーズな訓練のためには、ちょっとしたポイントがあります。
以下の6項目を守ってレッスンすることが大切です。

コツ1 訓練は短時間で！

訓練は長い時間だらだらやらないこと。犬の集中力が続く間だけやります。集中がとぎれる前に終了しましょう。

コツ2 指示の言葉は短く

「スワレ」などの指示語は、家族みんなで統一を。「オスワリ」「スワレ」など、人によって言葉がちがうと犬が混乱します。

コツ3 できたらほめる

小さなことでも、できたときはかならずほめることが大切です。ほめられることで、犬は楽しんで従うようになります。

コツ4 絶対に叱らない

なかなか思うようにできなくても、絶対に叱ったり、どなったりしないこと。くり返し、くり返し訓練しましょう。

コツ5 犬が集中できる環境で！

はじめは家の中で訓練し、できるようになったら庭や屋外で練習しましょう。犬が落ち着いて集中できる環境を用意してください。

コツ6 できることで終わりにする

できないままで終わらせないことが大切。最後はスワレなどできることをして、しっかりほめてから訓練を終わりにしましょう。

訓練に適したごほうびを選ぶ

トレーニングに使うごほうびは、犬が大好きなものを使うことが大切です。ワンコが食べたい気持ちを訓練に応用するのですから、食べたくないものを使っても意味がありません。

具体的には、やわらかくて、小さくちぎりやすいものがおすすめ。犬がすぐに食べられて、人の手が汚れにくいものがいいでしょう。

ごほうびに使うエサは、1日のエサの量に含まれるので、ごほうびをたくさん食べたときは、その分エサを減らすこと。大型犬なら1日に食べるエサの量が多いので、ドッグフードをごほうびに使ってもOKです。

ごほうびは左手に持ち、少しだけちぎって右手に取って使いましょう。

●おすすめのごほうび

豚レバーをゆでたもの

ソフトタイプのジャーキー

鶏ささみをゆでたもの

ドッグフード

アイデア

豚レバーや鶏ささみは、たくさんゆでて冷凍保存しておくと便利。解凍してそのまま使えます。

さあ、訓練です!

トレーニングをはじめるときは、ごほうびを持って犬と向かいあい、ごほうびに犬の気持ちを集中させます。

→

少しだけごほうびをあげて、犬が「もっと食べたい!」という気持ちが高まったところで……

→ 訓練をスタート!

Go→Next page

BASIC TRAINING

基本
トレーニング
1

スワレ

お尻を手で押す方法はダメ！
エサの位置が成功のポイント

スワレはすべてのトレーニングの基本です。子犬が家になれたら、スワレの練習をはじめましょう。生後2か月でも訓練できます。

1

エサを持った手を犬の鼻先に持っていき、においをかがせます。エサはまだ食べさせないこと。

ポイント

大型犬のときは

小型犬のときは座って行ないますが、大型犬のときは、立って向かいあいましょう。

2

手にごほうびのエサを持ち、犬と向かいあいます。

3

犬が自然に座る位置にエサを持った手を移動します。犬の後頭部のほうへ移動させましょう。

これは NG

エサの位置が高すぎる

エサは犬が座りやすい位置に持っていくこと。エサの位置が高すぎると犬が立ってしまいます。

エサを引いてしまう

エサを犬が食べたがるからといって手を引くと、犬がエサについてきてしまいます。エサは犬の後頭部のほうへ移動させましょう。

4

犬が座ったらエサを食べさせます。
ここまでは無言で行なうこと。

これは NG

お尻を押すのはダメ!

スワレができないからといって、手でお尻を押す人がいますが、これはダメ。犬は、お尻を押されると、それに抵抗してお尻を上げようとかえって力を入れてしまうのです。

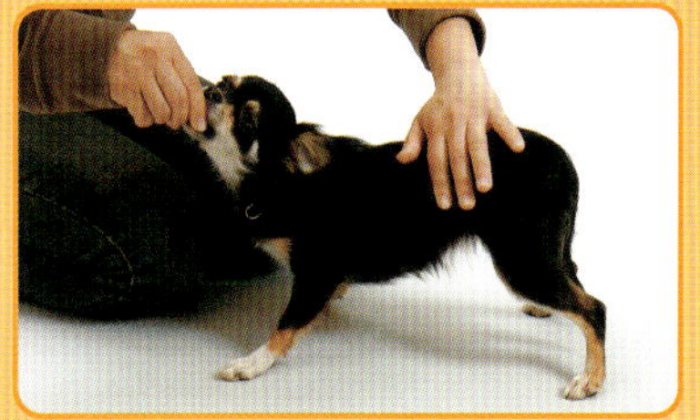

5

ここではじめて、犬をなでてほめます。

6

1～5をくり返し、できるようになったら、犬が座ろうとする瞬間に「スワレ」と声をかけます。

7

座れたら、ごほうびをあげてほめます。ごほうびをあげる回数は、だんだん減らしていきますが、ごほうびをあげないときでも、かならずほめるようにしてください。

8

だんだん「スワレ」の声だけで座れるようになります。
できたら、よくほめてあげましょう。

BASIC TRAINING

基本
トレーニング
2

フセ

フセを習得することで、犬の従属心がグンとアップ！

スワレができるようになったら、次はフセのレッスンです。
フセはスワレより犬にとっては難しいので、あせらず訓練を。

1

犬と向かいあい、座らせます。

2

手にエサを持ち、犬に見せます。

3

犬が自然に伏せる位置までエサを下げます。

ポイント

手を下ろすとき、まっすぐ下へ移動させることが成功のコツです。

4

フセの状態になったらエサを食べさせて、ほめましょう。

5

1～4をくり返し練習して、できるようになったら、犬がフセかけたところで「フセ」と声をかけます。

6

フセができたら、ほめてから、エサをあげます。

7

5・6をくり返すと、やがて「フセ」の声だけでできるようになります。できたらほめてエサをあげましょう。ごほうびをあげる回数はだんだん減らします。

これはNG

手を前方に下ろさない

前寄りに手を下ろすと、犬が伏せずに歩いてしまいます。

手で腰を押さないで!

スワレでお尻を押してはいけないように、フセでも腰を押すのはダメ。犬は腰を押されると、腰を上げようとするからです。

なるほどレッスン術　足や手を利用して訓練

フセがうまくできないなら、手や足の下をくぐらせてみます。大型犬はイスを利用してもOK。リードをつけてくぐるように誘導してもよいでしょう。

BASIC TRAINING
基本トレーニング
3

マテ

動く前にエサをあげて訓練！
少しずつ距離を伸ばそう

マテはスワレができるようになってから訓練しましょう。
はじめは室内で練習し、できるようになったら屋外でチャレンジ！

1

犬と向かいあい、座らせます。手にごほうびを持っていることを犬に見せます。

2

人が1歩うしろに下がります。

3

犬が動く前に、すばやく戻ってごほうびのエサをあげます。
2・3を何回かくり返して行なううちに、犬は待っているとエサが食べられることを理解します。

ポイント
犬が動いてしまったら、スワレからやり直します。犬が動く前に戻ってエサをあげること。

4

犬が待っていられるようになったら、今度は2、3歩下がります。

5

待てたら、戻ってエサをあげましょう。ここまでは無言で行ないます。

6

犬が待てるようになったら、「マテ」と声をかけます。

7

離れる距離と、待たせる時間をのばしていきます。

8

上手に待てたら戻ってエサをあげて、ほめます。

9

距離と時間は、少しずつ長くしてレッスンしましょう。
やがて「マテ」の声だけで、長い時間待てるようになります。

なるほどレッスン術

第三者に協力してもらう

どうしても動いてしまうときは、誰かに協力してもらい、リードを持っていてもらい、同じように練習します。協力してくれる人がいないときは、リードをつないでおいて練習してもOKです。

場所を決めて練習しよう

マテが苦手な犬の場合、マットなどを使って場所を決めるのがおすすめ。マットや布があると、「ここで待てばいいんだ!」と犬が理解しやすいからです。これができると、ドッグ・カフェなどにお出かけするときも便利。

マットなどをしいて座らせて、ふつうのマテと同じようにトレーニングしましょう。

布を自分の場所だと認識するので、トレーニングがしやすくなります。

BASIC TRAINING

基本トレーニング 4

コイ

いつ、どんなときでも呼んだらくるワンコにする

マテができるようになったら、すぐに練習しましょう。
マテとコイはいろいろな場面で使うので、しっかり訓練を。

■リードなしで練習する■

※リードをつけなくてもよい場所で行なってください。

1

犬を座らせて、向かいあって立ちます。

2

手のごほうびを見せながら「コイ」と言って下がります。

ポイント
犬は逃げるものを追う習性があるので、下がりながら呼ぶのがコツです。

3

犬がきたら、スワレをさせて、エサをあげてほめます。

4

次は、犬を座らせて、マテをさせます。

5

人はゆっくり離れていきます。

6

手の中のごほうびを見せて「コイ」と呼びながら、さらに下がります。

7

犬がきたら、座らせてごほうびをあげ、ほめましょう。

8

少しずつ距離をのばして練習します。

9

「コイ」で呼ぶと犬は走ってきます。だんだんごほうびをあげる回数を減らしていき、ほめるだけで、呼べばくる犬にしましょう。

これは NG

続けて何回も呼ぶ

コイの訓練をするとき大切なのは、続けて何回もやらないこと。また、しょっちゅう呼ぶのもよくありません。たまに呼ばれるといいことがある（エサをもらえる、ほめてもらえる）ほうが、犬にとってよい印象が残ります。コイとマテの練習を交互にしましょう。

コイ

■長いリードをつけて練習する■

ノーリードで練習すると、犬が走りまわってしまい、呼んでもこないことがあります。
そんなときは、長いリードをつけて訓練するのがおすすめです。
呼んでもこないときは、リードをたぐり寄せて練習します。

1

長いリードをつけて、犬を自由に遊ばせておきます。

2

さりげなく犬から離れましょう。

3

「コイ」で犬を呼びます。

4

呼んでもこないときは、リードをたぐり寄せましょう。

犬がきたら、ごほうびをあげてほめます。リードがなくてもできるように練習しましょう。

ポイント

犬はリーダーとして認めている人でないと、呼ばれても行かないものです。呼んだらくるようにする訓練は、従属心を育てます。

リードを持ってもらって練習する

コイが上手にできないときは、犬の知らない人にリードを持ってもらう方法があります。
犬が飼い主のところに行きたがる気持ちを訓練に活用しましょう。

1

協力してくれる人にリードを張った状態で持ってもらいます。

2

飼い主は離れていきます。

3

犬が飼い主を見て、飼い主のほうへ行きたい気持ちが高まっているところで、「コイ」と呼び、リードを離してもらいます。

4

犬がきたら、ごほうびをあげてほめます。

かくれんぼ作戦は子犬に有効

犬が遊んでいる間に飼い主が隠れ、犬が飼い主を探しはじめたタイミングで呼びます。この方法は子犬にとくに効果的です。

① そっと隠れます。

② 犬が不安になったところで呼びます。

② きたらほめましょう。

STEP UP TRAINING

応用トレーニング 1

モッテ・モッテコイ

ものやオモチャをくわえたら、ダセできちんと出すワンコに訓練！

「うちの犬が新聞を持ってきてくれたら」なんて夢があるなら、モッテコイを練習しましょう。まずはモッテ&ダセから始めます。

モッテ&ダセ

1

ダンベルなどを手に持ち、動かして犬に興味をもたせます。

2

「モッテ」と声をかけながら、口にくわえさせます。

ポイント

くわえられないときは、アゴを持ってくわえさせましょう。

3

「マテ」と声をかけて、くわえたまま待たせます。

4

「ダセ」と声をかけながら出させて、すぐにごほうびのエサをあげてほめます。

5

2～4をくり返して練習し、エサがなくてもモッテとダセができるようにトレーニングします。

これはNG

「ダセ」で出さないとき、無理やり奪おうとしてはダメ。引っぱると余計に離そうとしません。出せばエサと交換できることを教えることが大切です。

モッテコイ

1

「モッテ」と「ダセ」ができるようになったら、練習しましょう。ダンベルなどを手に持ちます。

2

近くに放って、「モッテ」と声をかけましょう。

3

「コイ」で呼び戻します。

4

「ダセ」でエサと交換し、ほめます。

5

遠くにあるものを「モッテコイ」で持ってこられるように練習しましょう。

STEP UP TRAINING

応用
トレーニング
2

オテ&チンチン

芸の基本はやっぱりこれ！オテが上手にできるコツ

オテやチンチンは、犬が覚えやすい芸のひとつです。
エサを使って根気よく練習してみましょう。

オテ

1

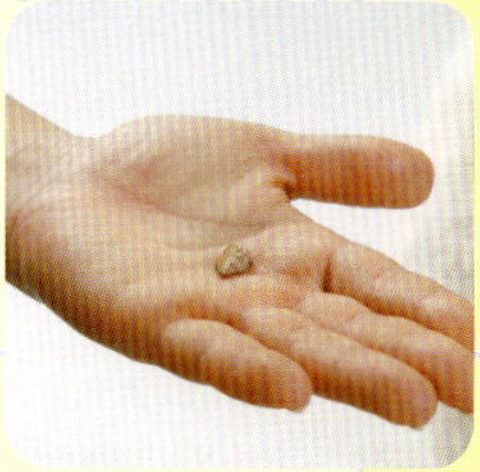

エサを手に握ります。

2

エサを持っていることを犬に見せます。

3

犬がエサを食べたくて、「出して出して！」と自分の手でやったら、エサを食べさせます。

4

次は「出して出して」とやったところで、「オテ」と声をかけます。ごほうびのエサをあげて、ほめます。

5

やがて「オテ」の声だけでできるようになります。

オカワリ

1

オテ

右手でオテをさせたいときは、犬の右側から手を出します。

2

オカワリ

左手でオテをさせたいときは、犬の左側から手を出します。手を出す方向で、左右の手でオテができるようになったら、「オカワリ」と声をかけて練習を。はじめは人が手を出す方向をかえるようにしましょう。

チンチン

1

スワレをさせて、手に持ったごほうびのにおいをかがせます。

2

エサを持つ手を上げます。

3

ぱくぱく

犬が立って、自分の手を人の手にかけるので、ここでエサをあげます。

4

ぱくぱく

次は、犬が立ったときに、犬の手を人がささえながら、エサをあげます。

5

チンチン
ぱくぱく

だんだん、人がささえなくてもできるようになります。できるようになったら、「チンチン」と声をかけます。

6

チンチン

やがて、声だけでできるようになります。

STEP UP TRAINING

応用
トレーニング
3

オマワリ&ダッコ

ぴょんと飼い主に飛びのるしぐさがかわいい!

応用トレーニングは、犬にとっても楽しみなレッスンです。
飼い主への従属心も深まるので、ぜひトライして!

オマワリ

1

ごほうびのエサを手に持ち、においをかがせます。

ポイント
オマワリの練習は、犬を座らせず、立った状態からはじめましょう。

2

犬がグルッとまわるように、エサの位置を移動。犬は自然にエサを追ってまわります。

3

次は、犬がまわるときに「マワレ」と声をかけましょう。

4

上手にまわれたら、ごほうびのエサをあげてほめます。

5

ここまでできるようになったら、次はエサなしで練習。「マワレ」と声をかけて、指で誘導します。

6

できたらほめます。逆まわりも練習しましょう。

■ ダッコ ■

1

向かいあって犬を座らせます。ごほうびを手に持っていることを犬に見せましょう。

2

エサを持った手を太モモに移動します。犬はエサを追ってきます。

3

片手で犬のお尻を押して、モモに犬をのせます。ごほうびのエサをあげましょう。

4

エサを見せながら「ダッコ」と声をかけて、太モモをポンとたたくと、のってくるように練習します。

5

座った位置でのダッコができるようになったら、少し高い位置でも練習してみましょう。

STEP UP TRAINING

応用
トレーニング
4

バキュン&ゴロン

これができたらウレシイ!?
あせらずじっくり訓練を!

おなかを出す芸は、従属心があることが基本です。
難易度がやや高いので、時間をかけてレッスンしましょう。

■ バキュン ■

1

手にエサを持ち、向かいあってフセをさせます。

2

エサで誘導しながら、倒れさせます。

3

倒れたところでエサを食べさせます。

4

次は、犬が倒れたところでマテをかけます。

5

4までできるようになったら、「バキュン!」と声をかけながら、手で腰を押して寝ころがらせます。上手にころがったら、寝ている状態でエサをあげてほめましょう。

6

5をくり返して練習すると、やがて「バキュン!」と声をかけて手で打つマネをすると、倒れるようになります。

ゴロン

1

エサを手に持って犬と向かいあい、フセをさせます。

2

エサを持った手を移動させながら、犬がころがるように誘導します。

3

はじめは上手にできないので、人が犬の腰を手で押して、回転を手助けしてもOK。

4

上手にできたら、エサをあげてほめましょう。

5

次は、ころがるときに「ゴロン」と声をかけます。

6

エサなしで練習します。指でころがるように誘導しながら、「ゴロン」と声をかけましょう。上手にできたらしっかりほめます。

タッチング（P44）が苦手なワンコがいたら、ゴロンやバキュンを先に教えてみましょう。人の前でおなかを出してころがれるようになると、タッチングがスムーズにできるようになります。

SPORTS
スポーツ 1

ボール

追いかけるのは大好きでも、持ってくるには秘訣がある！

ボール遊びは、マテやコイなど基本訓練ができてからはじめましょう。ボールがはじめから好きな犬と、そうでない犬がいます。

ボール遊び

1 ボールを持って、犬の興味を引きます。

2 ボールを投げます。

3 犬が走って取りにいき、ボールをくわえます。

4 コイで呼び戻します。

5 ダセでボールを出させたら、エサをあげてよくほめます。また、すぐにボールを投げてあげましょう。エサをあげなくても、持ってきて出すようになります。最後は人がボールを取りあげて終了。犬にボールを与えっぱなしにしないこと。

ボールに興味がない犬の場合

もともと、あまりボールに興味がない犬もいます。そんなときはボール遊びをする必要はありませんが、「愛犬とボール遊びをしたい!」と飼い主さんが思うときは、少しずつ練習をしましょう。

まずは、ボールに興味をもたせることからはじめます。

ハンカチなどのやわらかいものに、エサをしこんでくわえさせるレッスン法を紹介します。

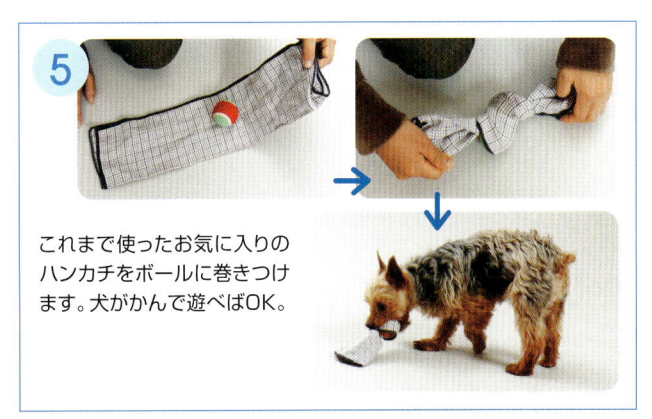

1

ハンカチにエサをしこみます。犬がエサを食べられるように包みましょう。

2

犬にエサをしこんだハンカチをあげて、エサを食べさせます。

3

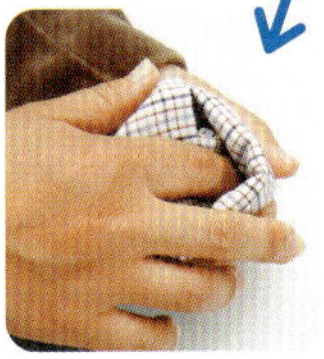

ハンカチの中のエサを食べるのになれたら、今度はハンカチをボール状にしてエサをしこみます。

4

ハンカチを与えると、エサを食べます。

5

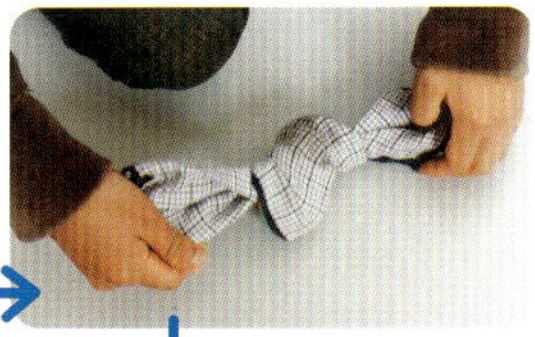

これまで使ったお気に入りのハンカチをボールに巻きつけます。犬がかんで遊べばOK。

6

やがてハンカチなしで、ボールで遊ぶようになります。

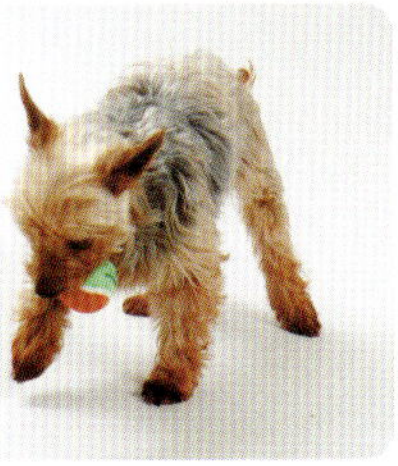

ボールににおいをつける

ボールに興味を示さないときは、ごほうびでボールににおいをつける方法もおすすめです。

こんなとき どうする? Q&A

Q1 ボールをくわえたまま戻ってきません。

A ボールを持っていけば、また投げてもらえることがわかれば、持ってくるようになります。

1

ボールを2個使います。

2

1個を投げて、犬がくわえて戻ってこないとき、もう1個ボールを持っていることを犬に見せます。

3

もうひとつのボールを投げるふりをすると、そのボールに興味を引かれて犬が戻ってきます。

4

もう1個のボールに気を引かれて、くわえていたボールを出します。

5

すぐにもう1個のボールを投げてあげましょう。

6

次のボールを投げてほしいので、犬が戻ってくるようになります。

7

このとき、いつも同じ方向に投げていると、だんだん犬が戻ってこなくなる場合があります。人が中心になるように、いろいろな方向に投げましょう。人を通過しないと次は投げてもらえないことを覚えさせます。

裏ワザ リードを使ってレッスン

ボールをくわえたまま、どうしても戻ってこない犬の場合は、リードをつけて練習を。犬が投げたボールをくわえたら、「コイ」と声をかけてリードを引いて呼び戻します。

Q2 持ってきたボールを放しません。

A ボールを2個使い、もう1個のボールに注意をもたせて、出したらすぐ次を投げるようにします。

1

ボールを持ってきたら、もう1個のボールを見せて注意を引くようにすると、くわえたボールを放します。ボールを出したら、すぐに次を投げましょう。

2

ボールをなかなか放さないときは、ボールを出したらエサをあげて、エサと交換できることを教えましょう。ボールを出したら、エサをあげてほめます。

Q3 ボールを出させようとすると、うなります。

A 犬がうなっているときは、無理に出させようとしないこと。エサをまいて気をそらしましょう。ボールを放したら、さりげなく拾います。うなるときは、従属心が育っていない証拠です。ボール遊びをする前に、3大しつけ法（P32）をもう一度しっかりやり直しましょう。

これはNG　力づくで引っぱらない

犬がくわえたボールを放さないとき、くわえたボールを持って引っぱりっこするのはやめましょう。引っぱると、犬はなおさらボールを人に渡さないようになります。ほかのボールやエサに注意を引いて放させること。

SPORTS
スポーツ
2
フライング・ディスク

まずディスクをくわえて、なれさせることが肝心です

はじめからディスクをキャッチできる犬はいません。ディスクでエサをあげるなど、少しずつならしましょう。

フライング・ディスクで遊ぼう

ディスクを手に持って、犬の興味を引きます。

ディスクを投げます。

犬がキャッチ!

「コイ」で呼び戻します。

戻ってきたら、「ダセ」でディスクを出させてほめます。また、すぐにディスクを投げてあげましょう。最後はディスクを取り上げて終了します。

ディスクにならす練習

ディスクに少しずつ興味をもたせて、ディスクをくわえる練習をしていきましょう。

1

ディスクにエサをのせて食べさせて、ディスクに興味をもたせます。

2

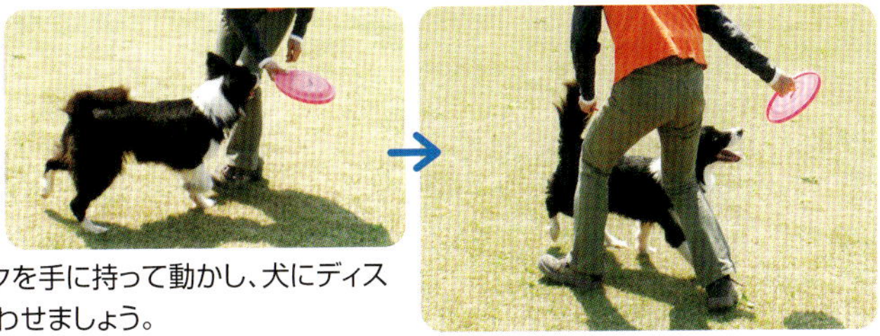

ディスクを手に持って動かし、犬にディスクを追わせましょう。

3

ディスクを持って追わせ、犬にディスクをかませます。かむようになったら、犬がディスクをかんだ瞬間に手を放します。

4

ディスクを手に持ち、犬にキャッチさせて、手を放します。

5

いよいよディスクを投げてみます。犬がキャッチしやすいように水平に投げましょう。

6

投げたら犬にキャッチさせて、「コイ」で呼び戻します。「ダセ」で出させたら「スワレ」で待たせて、また投げましょう。

SPORTS
スポーツ
3

アジリティ

人と犬の一体感が最高！ドッグスポーツに挑戦！

基本訓練をマスターしたら、
アジリティに挑戦してみては？
アジリティは犬の障害物競走のこと。
タイムと正確さを競います。

アジリティは、犬の大きさによってクラス分けされていて、いろいろな犬種がエントリーしています。健康な犬であれば。どんな犬でも挑戦OK。子犬から練習できますが、子犬期は激しい練習やジャンプなどは体への負担になるので控えましょう。アジリティを始める前に、股関節などの病気がないか健康診断をしておくことをおすすめします。

リング

ジャンプしてくぐりぬけます。

Aフレーム

決められたタッチゾーンで止まる必要があります。

ブリッジ

歩いて渡ります。

スラローム

ポールを交互に通過します。リードかエサで1本ずつ誘導して訓練。

トンネル

はじめは短くたたんでまっすぐにし、反対側から飼い主が呼んで練習。できるようなったら、L字に曲げます。

ハードル

ジャンプして飛びます。

楽しく練習しよう!

訓練は、犬が楽しんでやることが大切です。犬に強制しないこと。練習は、はじめはリードをつけて、エサやオモチャを使いながら人がやさしく誘導していきます。

レッスンの時間は、犬の体力や集中力を見ながら加減しましょう。犬がへとへとになるまでやるのではなく、「もっとやりたい!」くらいのところで終了すると、次の練習が意欲的になります。

WAN ランクアップ column

WAN! Rank up

どんなところがいい？ しつけ教室の選び方

事前によく話しあっておこう

子犬をはじめて飼ったり、しつけに自信がないときは、しつけ教室を利用するのもよい方法です。

しつけ教室を利用する場合には、教室にまかせっぱなしにしないで、飼い主もいっしょに学ぶ姿勢が必要。大事なのは飼い主と犬とのよい関係づくりです。

しつけ教室（トレーナー・訓練所）には、犬を一定の期間預けてトレーニングをしてもらう「預託訓練」、自宅にトレーナーが通ってくれる「出張訓練」、愛犬といっしょに飼い主もトレーニングを受ける「同伴訓練」の3つのタイプがあります。

依頼するにあたっては、基本的なしつけをしてほしいのか、それ以上のことを望むのか、あるいはアジリティに出場するためのトレーニングなのかなど、希望をはっきりと伝え、事前によく話しあっておきましょう。

飼い主の要望に対して、料金も含め、アドバイスやトレーニングプランを示すなど、誠実な対応をしてくれるかどうかも判断材料のひとつになるでしょう。

問題は飼い主と犬との関係

しつけ教室に預けたからといって、もう自宅ではしつけをしなくていいとか、トラブルがあっという間に解決するということではありません。

大切なのは飼い主と犬との関係。飼い主の接し方や態度がかわらなければ、犬はかわりません。犬だけが賢くなることは無理なのです。

しつけ教室にまかせっぱなしにしていると、トレーナーには従っても、飼い主には従わないという結果になりかねません。

しつけ教室を選ぶ場合、預けっぱなしにしないで、飼い主もいっしょに学べる「出張訓練」や「同伴訓練」のタイプがよいでしょう。

飼い主と犬の理想的な関係を学べる教室がおすすめです。

このワンコと
どうつきあう？

Part 6

犬種別しつけのポイント

犬種で
性格が
ちがう

どんな仕事をしていたか？性格を生かしてしつけを！

犬種ごとの特徴、性格をよく理解したうえで、愛犬のしつけに活用していきましょう。個々の犬の性格を見きわめることも大切です。

犬種の特徴を知っておこう

犬の種類は、およそ400とも、それ以上ともいわれていて（国際蓄犬連盟公認犬種は340種）、現在でもその数は変動を続けています。

私たちが通常、見たり、聞いたりすることのある犬種のほとんどは、その目的に合わせて人間が改良を加えたもので、外見はもちろん、性格も種類によって異なります。

特定の仕事をさせるために、強化された習性や性格が、家庭で飼われる犬となったとき、トラブルのもとになることも少なくありません。

犬種ごとの特徴やおおよその性格を理解しておくことは、愛犬のしつけにも大いに役立ちます。

ラブラドール・レトリーバーは、水上に撃ち落とされる獲物を泳いで回収運搬する犬です。水辺で遊ぶのが大好き。

愛犬の個性を見きわめよう

あなたの愛犬はどんな性格ですか？　「本に書いてあるのとちがう」という人もいるでしょう。犬種ごとの性格や習性はもちろんありますが、そういう傾向があるという情報にすぎません。

人間がひとりひとりちがうように、犬も1頭1頭個性があります。あなたが向き合っているのは、「チワワ」や「トイプードル」ではなく、家族である1頭の犬。気質が強い犬か臆病な犬か、のんびり屋さんか甘えん坊か……。愛犬のことをいちばんわかっているのは、飼い主さん自身のはずです。

犬の個性を見きわめ、性格にあったしつけをしていくのが、いちばん正しいしつけ法です。

ウェルシュ・コーギーは牛を追う仕事で活躍していたため、足が短くしっぽがありません。

グループ別の特徴

犬種は、その種がつくられた目的や形態から10のグループに分けられています。
各グループの特徴や性格を紹介しましょう。

シープドッグ&キャトル・ドッグ

牧羊（シープドッグ）や、牛追い（キャトル・ドッグ）を目的につくり出された犬種。従順で、判断力にすぐれ、機敏です。

ウェルシュ・コーギー・ペンブローク、シェットランド・シープドッグなど

ピンシャー&シュナウザー、モロシアン犬種、スイス・マウンテン・ドッグ&スイス・キャトル・ドッグ

大きさや外見などはさまざまですが、家畜の番をしたり、ネズミなどの害獣をとって活躍していた犬のグループです。

ミニチュア・ピンシャー、ミニチュア・シュナウザー、セント・バーナードなど

テリア

穴を掘る能力に秀でた犬種。すぐれた嗅覚をもち、キツネやアナグマなど小型の害獣狩りを得意としていました。闘争心が強く、「テリア気質」とも呼ばれます。

ヨークシャー・テリア、ウエスト・ハイランド・ホワイト・テリアなど

ダックスフンド

ドイツ語でダックスは「アナグマ」、フンドは「犬」という意味。アナグマの巣穴にもぐりこめるよう、胴長短足の体型になりました。勇敢で明るく、従順です。

ダックスフンド、ミニチュア・ダックスフンド

スピッツ&プリミティブ・タイプ

「スピッツ」とはドイツ語で「とがったもの」の意。とがった口先、立ち耳、巻き尾をもちます。日本原産の犬のほとんどがこのグループに属します。

日本スピッツ、柴犬、秋田犬、ポメラニアン、シベリアン・ハスキーなど

セントハウンド

鋭い嗅覚を武器とする銃猟犬（ハウンド）です。ウサギやキツネなどの猟で活躍。地面に鼻をつけ、においをかぎ分けながら獲物を追いつめていきます。

ビーグル、ダルメシアン、バセット・ハウンドなど

ポインティング・ドッグ

銃猟犬（ハウンド）に対して鳥猟犬（ガンドッグ）と呼ばれます。獲物を発見し、ハンターに位置を教える動作から、ポインターとセターに分類されます。

ブリタニー・スパニエル、イングリッシュ・ポインター、アイリッシュ・セターなど

レトリーバー、フラッシング・ドッグ、ウォーター・ドッグ

すべて狩猟用の犬。獲物を回収するのがレトリーバー、隠れた獲物を追い立てるのがフラッシング・ドッグ、水鳥専門がウォーター・ドッグです。

ゴールデン・レトリーバー、アメリカン・コッカー・スパニエルなど

コンパニオン・ドッグ&トイ・ドッグ

「伴侶」（コンパニオン）として、または「愛玩」（トイ）用としてつくられた、体が小さく、愛らしい容姿をした犬のグループです。

チワワ、プードル、パピヨン、シー・ズー、パグなど

サイトハウンド

セントハウンドが嗅覚で猟をするのに対し、サイトハウンドは視覚と、速い足を武器に獲物を捕らえます。引き締まった体と長い脚が特徴。

アフガン・ハウンド、ボルゾイ、イタリアン・グレーハウンドなど

※本書では、ジャパンケネルクラブ（JKC）が加盟する国際畜犬連盟（FCI）の分類に従っています。
以降のページでは、それぞれのグループの中から、人気のある犬種、特徴のある犬種を選んで紹介します。
各犬種のおもなデータは、『JKC全犬種標準書第10版』を参考にしました。

ウェルシュ・コーギー・ペンブローク

原産国	イギリス
体高	約25.4～30.5cm
体重	牡10～12kg／牝10～11kg
毛色	レッド、セーブル、フォーン、ブラック・アンド・タン。四肢、胸、首に白斑。

運動量の多さ	★★★★☆
吠えやすさ	★★★☆☆
性格のおだやかさ	★★★☆☆
飼いやすさ	★★★☆☆
手入れのしやすさ	★★★☆☆

本書の P160～190の★は以下の意味です

運動量の多さ	★の数が多いほど運動量が必要
吠えやすさ	★の数が多いほど吠える傾向が強い
性格のおだやかさ	★の数が多いほど性格がおだやか
飼いやすさ	★の数が多いほど初心者でも飼いやすい
手入れのしやすさ	★の数が多いほど手入れが簡単

沿革と特徴 英国ウェールズ南西部の土着犬。直系の祖先は、12世紀にフランドル地方から、織物師たちとともにイギリスに渡ってきたといわれます。

ウェールズでは、かつて牛飼いの助手として重宝され、今でも多くの国で、牧羊や牛追いに活躍しています。

英国王室に寵愛を受けていることでも有名で、古くはヘンリー2世、現代ではエリザベス女王が、コーギーをとても愛しているといわれています。

短足で、胴長、重心が低く頑健。立ち耳で、風貌はキツネに似ています。

性　格 りこうでお茶目。自分より大きな相手にも立ち向かっていく、勇敢で大胆な強い気質をもっています。一方で、警戒心が強く、吠えやすい面もあります。

手入れ 短めの直毛で、毛にくせはありませんが、抜け毛が多いのが特徴です。春秋の換毛期は、ブラッシングはとくに入念に。

しつけのポイント ふつう体の小さな犬は人を怖がるものですが、この犬は、羊や牛の足にかみつきながら、群れを束ねる仕事をしていたため、人間を怖がりません。

飼い主が犬に対して従属的な態度をとっていると、すぐに自分がボスになりたがる傾向があるので、甘やかさず、ホールドスティルやリーダーウォークをしっかりすることが肝心です。

シェットランド・シープドッグ

原産国	イギリス(シェットランド諸島)
体高	牡37cm/牝35.5cm(33~40.5cm)
体重	6~7kg
毛色	セーブル、トライカラー、ブルーマール、ブラック・アンド・ホワイト、ブラック・アンド・タン

運動量の多さ	★★★★☆
吠えやすさ	★★★★☆
性格のおだやかさ	★★★☆☆
飼いやすさ	★★★☆☆
手入れのしやすさ	★★★★☆

沿革と特徴 イギリス最北端、シェットランド諸島原産の牧羊犬。この地にきていたスコットランドのボーダーコリーの祖先と、船乗りが連れてきたスピッツ・タイプのミックス犬、さらにラフコリーが配されてつくられ、島の環境が厳しいため、長年のうちに小型化したのではないかと考えられます。

全体に筋肉に富み、バランスのいい体つき。耳から鼻先にかけてとがっていく頭部には気品が感じられます。

性格 明るく、従順。人間のいうことをよく理解します。運動能力にも優れ、敏しょうでジャンプ力もあります。畑に入ってくる羊などを追い払う仕事をしていたので、音に対してやや敏感な面もあります。

手入れ 首の周囲、胸、前肢、後肢、尾の裏側などに飾り毛があり、毛並みは豊かで美しく毛質はやや粗いです。ブラッシングを怠ると毛がからまりやすいので、シャンプーも含めて、ていねいなグルーミングが必要。

しつけのポイント やや過敏な面があるので、生後3か月までの社会化期にいろいろな人に会わせ、ほかの動物とふれあうなどの経験をしっかりとさせておきましょう。とくに音については、街の喧騒も含めて、さまざまな音によくなれさせておくこと。散歩デビュー後は、飼い主は堂々とリーダーウォークをしましょう。

十分な運動量も必要です。

ボーダー・コリー

原産国	イギリス（スコットランド）
体高	牡53cm／牝は牡よりわずかに小さめ
体重	14～22kg
毛色	黒、灰色、白と褐色、ブルーマールなど。顔面、首まわり、胸、尾先などに白斑。

運動量の多さ	★★★★★
吠えやすさ	★★★☆☆
性格のおだやかさ	★★★☆☆
飼いやすさ	★★☆☆☆
手入れのしやすさ	★★★☆☆

沿革と特徴 ボーダー・コリーの祖先は、スカンジナビア半島のバイキングが、英国にもちこんだトナカイ用の牧畜犬だったといわれます。その後、土着の牧用犬、ラフコリーの祖先の血が入り、19世紀末頃には、現在のタイプとなりました。

イギリス原産の牧羊犬の中でも、もっとも優秀といわれますが、ラフコリーなどと比べると、やや見劣りしたため、FCIに純血種として認定されたのは1987年のことです。

ボーダーとは国境、辺境の意味。イングランドから見るとスコットランドは辺境であったため、この名がつきました。

体長が体高よりやや長く、骨太ですが、それを感じさせないバランスのよい体つき。あらゆる天候に耐えられる、豊かでなめらかな被毛に覆われています。

性格 大胆で勇敢、知能が高く活発。運動能力も秀でていて、短距離のアスリートといえるでしょう。

手入れ 上毛は密でなめらか、下毛はやわらかくて密。飾り毛は特別に多いわけではありませんが、毎日のブラッシングは欠かせません。

しつけのポイント 気質が強く、非常に敏しょうなので、飼い主が強いリーダーシップを発揮しないと、犬にふりまわされることになります。社会化期にホールドスティルやタッチングをしっかりと行ない、散歩では、リーダーウォークを実行してください。

ジャーマン・シェパード・ドッグ

原産国	ドイツ
体高	牡60～65cm／牝55～60cm
体重	牡30～40kg／牝22～32kg
毛色	ブラック・タン、ウルフグレー、オールブラックの単色かブラウンやグレーなどのマーキングが入る。

運動量の多さ	★★★★☆
吠えやすさ	★★★☆☆
性格のおだやかさ	★★★☆☆
飼いやすさ	★★★☆☆
手入れのしやすさ	★★★★☆

沿革と特徴 ドイツのチューリンゲン、バーデン・ヴュルテンベルク州山岳地方の牧羊犬は非常にすぐれていることで知られていました。19世紀末、ドイツ陸軍は、この地方の牧羊犬を基礎に改良を加え、物資の運搬、捕虜の監視、負傷兵の発見などに適した軍用犬として開発。第1次大戦でのめざましい活躍により、世界中に知れわたりました。

骨格、筋肉、体質ともに堅固、各部のバランスがよいです。用途の広い万能犬で、牧羊犬、軍用犬、警察犬、盲導犬など多方面で活躍しています。

近年では、ドッグショー用の血統と訓練用の血統にはっきりと分かれています。

性格 りこうで、むらのない性格。服従性が高く、忠実に仕事をします。訓練血統はとりわけ訓練性能がすぐれています。

手入れ シェパードの被毛は全天候型の軍用コートのようなもの。ダブルコートで適度な毛量、長さがあり、風雨、寒さに強いです。抜け毛が多いのでこまめにブラッシングしましょう。

しつけのポイント シェパードと何をしたいのかをよく考え、訓練血統か、ショー血統かを選ぶこと。アジリティや、フライング・ディスク等の大会に出場したいのなら、訓練血統を選んだほうがよいでしょう。

体が大きく力が強いので、子犬の頃からけっして甘やかさないこと。訓練用はショー用より活発。通常のペットとして飼うなら、ショー用の血統の犬のほうが扱いやすいでしょう。

バーニーズ・マウンテン・ドッグ

原産国	スイス
体高	牡64～70cm／牝58～66cm
体重	40～44kg
毛色	ブラックが基調で、頭部前面からマズルにかけて白いブレーズがあり、前胸部と足先が白い。目の上、ほほ、四肢、胸に黄褐色の斑がある。

運動量の多さ	★★★★☆
吠えやすさ	★★★☆☆
性格のおだやかさ	★★★☆☆
飼いやすさ	★★★☆☆
手入れのしやすさ	★★★★☆

沿革と特徴 ローマ帝国時代、ローマ軍とともにスイスにやってきたマスティフ系の犬が、地犬と交雑し、地方ごとに独自のタイプへと発展。なかでもベルン周辺の犬は、地犬との接触も少なく、美しく長い毛を保って、現在のタイプの原型となりました。

バーニーズは「BERN」からきています。マウンテン・ドッグとは、山岳地での活動に耐えられるという意味です。

前肢、後肢ともにたくましく、背はまっすぐで、腰も頑健、均整がとれたどっしりとした体躯。光沢のある長い毛が全身を覆い、たれ耳、たれ尾。

寒さに強い作業犬です。

性格 気立てがよく献身的で友好的。従順で注意深い性格です。

手入れ 体臭が少なく、毛の手入れも定期的にブラッシングをしていれば問題はありません。たれ耳なので、耳の手入れはこまめに。

しつけのポイント おだやかで、運動量は見た目ほど必要としません。体が大きく、手足も太いので、実際に飼うとなるとそれなりの気力・体力が要求されます。ホールドスティルやリーダーウォークで従属心をしっかり養いましょう。

ミニチュア・シュナウザー

原産国	ドイツ
体　高	牡牝ともに30～35cm
体　重	牡牝ともに約4.5～7kg
毛　色	ソルト・アンド・ペッパー、ブラック、ブラック・アンド・シルバーなど。

運動量の多さ	★★★☆☆
吠えやすさ	★★★★☆
性格のおだやかさ	★★☆☆☆
飼いやすさ	★★★☆☆
手入れのしやすさ	★★★☆☆

沿革と特徴 19世紀末に、シュナウザーにアーフェンピンシャーを配してつくり出されたもので、ほかのシュナウザーとは異なる犬種です。

以前は農場で、家畜の番や、ネズミとりなどに用いられていました。

テリア・タイプの丈夫で活動的な犬。筋肉がよく発達し、骨太で、体高体長比の等しいスクエア・タイプです。鼻の下の大きな口ひげ（ドイツ語でシュナウツ）が名前の由来。通常断尾されます。

性　格 知能が高く、愛嬌があります。性格的にも典型的なテリア気質で、気質が強く、勇敢。特定の人には友好的ですが、興味のない人にはそっけない態度をとる面もあります。

手入れ 毛玉になりやすい、わきの下、足元、内股はとくにていねいにブラッシングを。抜け毛や体臭は少ないのですが、トリミングの必要があります。

しつけのポイント 強気で気位が高いので、一歩まちがえるとボス的な態度をとるようになります。子犬のときに社会化のしつけ（P26）を十分に行ない、散歩ではリーダーウォークをしましょう。

ヨークシャー・テリア

原産国	イギリス（ヨークシャー）
体高	22.5〜23.5㎝
体重	3.1kgまで
毛色	ダーク・スチール・ブルー。胸の毛はあざやかなタン。頭部の飾り気はゴールデンがかったタン。

運動量の多さ	★★★☆☆
吠えやすさ	★★★☆☆
性格のおだやかさ	★★☆☆☆
飼いやすさ	★★★☆☆
手入れのしやすさ	★★★☆☆

沿革と特徴 19世紀半ばに、イギリス・ヨークシャー地方で、家屋を荒らしまわるネズミを捕まえるためにつくられた犬種。現在では、テリア系の中でもかなり小さい部類ですが、当初はもっと大きな犬でした。

マンチェスター・テリア、スカイ・テリア、マルチーズからつくられたといわています。

可憐さと美しい毛並みから「動く宝石」とも呼ばれ、世界中で愛される犬種になっています。

均整のとれた体つきをしたトイ・テリア。まっすぐで豊かな絹糸状の長毛に全身を覆われています。通常は適当な長さに断尾されます。

性格 小さな体からは想像できないほど、活発で精力的。テリアらしく強情な面もあります。

手入れ 抜け毛は少ないほうですが、長く細い被毛は毛玉ができやすいので、こまめなブラッシングを。歯石がたまりやすく歯周病になりやすいので、子犬のときから歯みがきを習慣づけましょう。

しつけのポイント 小型犬は体が小さい分、神経過敏なところがあります。テリア気質も手伝って、しつけを怠っていると、何かとワンワン吠える犬に。社会化期に多くの経験をさせておくことが肝心です。

テリア❷

ウエスト・ハイランド・ホワイト・テリア

原産国	イギリス（スコットランドの西ハイランド地方）
体　高	約28cm
体　重	7～10kg
毛　色	純白

運動量の多さ	★★★★☆
吠えやすさ	★★★★☆
性格のおだやかさ	★★☆☆☆
飼いやすさ	★★☆☆☆
手入れのしやすさ	★★☆☆☆

沿革と特徴 ケアーン・テリアにときどき生まれていた白い犬を選択改良してつくられました。

短肢で、立耳、立尾、純白の毛に覆われた美しい小型犬です。

もともとは、小獣用の猟犬として用いられましたが、真っ白であることが清潔や幸福の象徴と考えられ、現在はアメリカやイギリス、ヨーロッパ、日本などで愛玩犬として高い人気を得ています。

性　格 好奇心旺盛で明るい性格。家族には従順ですが、負けず嫌いで、好き嫌いがはっきりしている面もあります。

手入れ 被毛はトリミングが必要。真っ白なので、手入れを怠っていると、白い毛が茶色く焼けてきてしまいます。定期的なシャンプーが欠かせませんが、アレルギー性の皮膚病にかかることも多いといわれており、グルーミングや健康管理も含め、行き届いた世話をしてあげる必要があります。

しつけのポイント テリア系の強い気質をそなえているので、小さな頃から、ホールドスティルやタッチングを通じて従属心を養い、けっして甘やかさないことが大切です。成犬にはリーダーウォークが効果的です。

エアデール・テリア

運動量の多さ	★★★★☆
吠えやすさ	★★★☆☆
性格のおだやかさ	★★★☆☆
飼いやすさ	★★★☆☆
手入れのしやすさ	★★☆☆☆

原産国	イギリス
体高	牡約58～61cm／牝約56～59cm
体重	20～23kg
毛色	体幹は黒、あるいは暗色。頭蓋の両側は暗色の斑。頸、胸、肢は黄褐色。耳は濃い黄褐色である。

沿革と特徴 17世紀頃、イギリス・ヨークシャー地方の一部でキツネ狩りなどに用いられていた大きめのテリアと、やはり同地方でカワウソ猟に用いられていたオッター・ハウンドが交配され、さらに大型化し、そこにアイリッシュ・テリアなどがミックスされて現在の姿になったといわれています。

ウォーター・サイド・テリアとも呼ばれ、カワウソ猟や、そのほかの猟で活躍。日本では昭和5年頃から軍用犬として飼育され、一般にも普及しました。作業能力の高い万能犬です。

体高と体長の比が等しいスクエア・タイプで、体高、体長、体重などのバランスがよく、長い足をもっています。テリアの中ではもっとも大きく、「キング・オブ・テリア」と呼ばれています。

性格 勇敢で忠実なため、警察犬、歩哨犬などとして用いられてきました。警戒心が強く、頑固なところもあります。

手入れ 硬く、密生した、針金状の被毛はトリミングが必要です。抜け毛は少ないのですが、体臭がありますので、定期的なシャンプーを忘れずに。

しつけのポイント もともと警戒心の強い犬なので、子犬のうちに、多くの人や動物とふれあい、さまざまな場所に出かけて、十分に社会化のしつけ（P26）を行なっておくことが大切です。散歩デビュー後は、リーダーウォークをしっかりやりましょう。

アイリッシュ・ソフトコーテッド・ウィートン・テリア

原産国	アイルランド
体高	牡46～48cm／牝は少し小さい
体重	牡18～20.5kg／牝は少し軽い
毛色	小麦色または蜜蜂色

運動量の多さ	★★★★☆
吠えやすさ	★★★☆☆
性格のおだやかさ	★★★☆☆
飼いやすさ	★★★☆☆
手入れのしやすさ	★★☆☆☆

沿革と特徴 アイルランドでもっとも古い大型のテリアで、ケリー・ブルー・テリアの祖先ともいわれます。

名前の由来は、ソフトコーテッド（やわらかい毛）で、ウィートン（小麦色）であるところから。

ずっと牧羊犬として用いられてきた一方、家庭ではよき番犬の役割も果たし、子どもの遊び相手も上手な犬です。有害な小獣を捕まえるのも得意で、アイルランドでは国犬ともいわれました。現在では家庭犬として飼育されています。

前肢後肢とも太く、筋肉がしっかりしています。尾の付け根は高く、3分の2くらいのところで断尾されます。厚い絹糸状の、小麦色の毛で全身をおおわれ、テリアとしては大型の犬です。

性　格 陽気で、猟や仕事に対する意欲が旺盛。テリアには珍しくおだやかな性格といわれ、カナダやアメリカで高い人気を得ています。

手入れ 抜け毛は少ないですが、毛が生えかわらないため、こまめな手入れが必要です。体臭は少ないですが、定期的なトリミングが必要です。

しつけのポイント テリアにしては従順でトレーニングのしやすい犬です。とくに子犬期のうちにしっかりしつけをしましょう。散歩では、リーダーウォークを実行します。

ジャック・ラッセル・テリア

原産国	イギリス
体　高	25〜30cm
体　重	5〜6kg
毛　色	体のほとんどが白で、頭や背中などにブラックやタンが入る。

運動量の多さ	★★★★★
吠えやすさ	★★★☆☆
性格のおだやかさ	★★☆☆☆
飼いやすさ	★★☆☆☆
手入れのしやすさ	★★★★☆

沿革と特徴 1873年創設の英国ケネル・クラブの初期メンバーで、スポーツ好きのジョン・ラッセル牧師がつくり出したとされます。走って馬についていける脚力と、穴にもぐってキツネを追い出す体型が追求された犬種です。

背中はまっすぐで強靭、四肢は発達した筋肉がつき、長め。尾は高い位置にあり、手で握れるくらいの長さに断尾されます。

被毛は、短くてなめらかなスムース、やや長いラフ、中くらいの長さのブロークンの3タイプ。

性　格 タフで勇敢で俊敏で気が強い、エネルギーのかたまりのようなテリアです。愛情深い面もあり、イギリスでは圧倒的な人気を誇ります。

手入れ 短毛ですが、抜け毛が多いので、こまめにブラッシングをしましょう。

しつけのポイント 小型犬ですが、しっかりしつけをすることが大切です。人間も含めて動くものに攻撃的で、かみつきぐせをもつ個体も少なくありません。

しつけはけっして簡単とはいえませんが、子犬期のホールドスティル&タッチング、散歩デビュー後はリーダーウォークなどを十分に行なうこと。それぞれの犬の資質を理解し、うまくつきあっていけば、得がたいパートナーになってくれます。

運動性能が高いのでドッグスポーツはおすすめ。

ダックスフンド

ミニチュア・ダックスフンド

原産国	ドイツ
体　高	18〜19cm
体　重	4.5〜4.8kg
毛　色	単色はレッドと、毛先がわずかに黒いマホガニー・レッドの2色。2色はブラック・タン、チョコレート・タン、そのほかはダップル・カラーとブリンドル、またはタイガーカラーなど。

沿革と特徴 ミニチュア・ダックスフンドは、巣穴の小さいウサギ猟などのために、ダックスフンドを小型化したものです。

ダックスフンドは、スイスの山岳地帯にいたジュラ・ハウンドを祖先犬とし、スムースヘアード種は中型ピンシェルとの交配により、ワイアーヘアード種はシュナウザー、ロングヘアード種はスパニエルやアイリッシュ・セターを交配してつくられました。

体高と体長の比が1対2という胴長短足の体型は、巣穴にもぐり込んだり、密生したやぶの中で獲物を追うのに最適。体は小さいながら、筋肉はよく発達しています。

運動量の多さ	★★★★☆
吠えやすさ	★★★★☆
性格のおだやかさ	★★★☆☆
飼いやすさ	★★★★☆
手入れのしやすさ	★★★★☆

性　格 人なつこくて明るく、活発で遊び好き。猟犬だけに、勇敢で、強い気質をもっています。

手入れ ワイアーヘアード種は定期的なトリミングが必要。どのタイプも抜け毛が多いので、ブラッシングは欠かせません。胴が長い体型のため脊髄に負担がかかりやすく、椎間板ヘルニアを起こすことがあるので注意しましょう。

しつけのポイント 本来は強い気質なのですが、近年でははずかしがりやで神経質な犬もよくみられるようです。いずれのタイプも、子犬のときに社会化のしつけ（P26）をしっかりと行なっておくことが大切です。散歩はリーダーウォークで従属心を養います。

柴

運動量の多さ	★★★★☆
吠えやすさ	★★★★☆
性格のおだやかさ	★★☆☆☆
飼いやすさ	★★★☆☆
手入れのしやすさ	★★★★☆

原産国	日本（本州および四国の山岳地帯）
体高	牡38.5〜41.5cm／牝35.5〜38.5cm
体重	8〜10kg
毛色	赤、胡麻、黒胡麻、赤胡麻、黒褐色。 マズルの裏白が特徴。

沿革と特徴 日本土着の小型犬で、縄文時代以前に南方から渡ってきたと考えられています。

「シバ」とは、昔の言葉で「小さなもの」の意。長い間、鳥獣猟犬として用いられ、昭和12年、天然記念物の指定を受けました。

大きさも手ごろ、手入れも比較的簡単、外で飼っても寒さに強い、すなわち手のかからない犬として、日本中で飼われている人気犬種です。

素朴でありながら、かわいらしさと美しさをあわせもった外見。骨格はしっかりとし、筋肉もよく発達しています。

性格 もともと日本の山岳地帯で、マタギといっしょに1対1で猟をしていたため、これと決めた人にはとことん忠誠を尽くしますが、それ以外の人には友好的ではない傾向があります。独立心、警戒心が強く、感覚も鋭敏。

手入れ 抜け毛が多く、とくに春と秋の換毛期には大量の毛が抜けるので、こまめなブラッシングを心がけましょう。

しつけのポイント 気質の強い犬で、ややつきあい下手な面があり、飼い主にさえ、さわられるのをいやがることがあります。甘やかしていると、甘がみやかみつき行動につながる場合もあるので、社会化期に家族全員で、ホールドスティル、マズルコントロール、タッチングのしつけを十分に行なってください。

成犬には、リーダーウォークで主従関係を徹底させます。

スピッツ&プリミティブ・タイプ❷

ポメラニアン

運動量の多さ	★★☆☆☆
吠えやすさ	★★★★★
性格のおだやかさ	★★★☆☆
飼いやすさ	★★★☆☆
手入れのしやすさ	★★★☆☆

原産国	ポメラニア地方 (ドイツおよびポーランド西部にまたがる地方)
体高	18〜22cm
体重	1.8〜2.3kg
毛色	オレンジ、オレンジ・セーブル、ブラック、ブラック・タン、ブラウン、チョコレート、レッド、クリーム、ウルフ・セーブルなど多数。

沿革と特徴 スピッツ族の一犬種であるサモエドが祖先犬とされます。18世紀以降、イギリスで愛好され、19世紀半ばから小さいタイプが流行、現在の犬種に固定されました。今は小型になったポメラニアンですが、もともとはソリを引くほど大型の犬種でした。ビクトリア女王が愛好したことから流行犬種となりました。

体は各部がよく引き締まり、首のまわりにはたてがみ状の飾り毛があります。顔面と四肢の下方以外は豊かな被毛に覆われ、可憐で愛らしい姿をしています。

性格 素直で快活。やや過敏で神経質な面と、自分より大きな人や犬に対して怖いながらも向かっていく気の強さをあわせもっています。家族以外にはなれにくく、よく吠えるので番犬としては最適です。

手入れ タンポポの綿毛のような被毛をふんわりと仕上げるには毎日のブラッシングが欠かせません。全身の毛を短くカットしてしまうと、二度と生えてこないことがあるので注意が必要です。

しつけのポイント 体が小さい分、大きな犬を恐れ、結果としてよく吠えることになります。生後3か月までの社会化期に大きな犬にもよくなれさせてください。ホールドスティルやタッチングでしっかりと従属心を育てましょう。骨が細く、成犬になっても骨折しやすいので、ソファの上から飛び降りたりさせないこと。

セントハウンド

ビーグル

原産国	イギリス
体高	33～40㎝
体重	8～14kg
毛色	ホワイトとブラックとタンのハウンド・カラー

運動量の多さ	★★★★☆
吠えやすさ	★★★★★
性格のおだやかさ	★★★★☆
飼いやすさ	★★★★☆
手入れのしやすさ	★★★★★

沿革と特徴 紀元前からギリシアでウサギ狩りに用いられていたハウンドの末裔と考えられています。エリザベス1世の時代、イギリスにはこのタイプのハウンドが大小2種類おり、小さいほうをビーグルと呼び、野ウサギ狩りに用いました。「ビーグル」とはフランス語で「小さい」という意味です。

　体は引き締まって強健。活動的な小型獣猟犬です。世界でもっとも有名な犬「スヌーピー」のモデルとしても知られています。

性格 ビーグルがウサギ狩りをするときは10頭近くが協力していたため、団体行動が得意。陽気でおちゃめ、飼っていて楽しい犬種です。

手入れ 短毛ですが、抜け毛がやや多くこまめなブラッシングが必要です。体臭が強めなので、こまめにシャンプーをしましょう。たれ耳のため、不潔にしていると耳の病気にかかりやすくなります。1週間に一度は専用のクリーナーなどを使って耳そうじをしましょう。

しつけのポイント 猟犬としての習性が強く、音、におい、動くものに敏感に反応し、よく吠えます。子犬のときから社会化のしつけ（P26）を十分に行なってください。散歩ではリーダーウォークをすることが大切です。

ブリタニー・スパニエル

原産国	フランス
体　高	牡47〜52cm／牝46〜51cm
体　重	牡約15kg／牝約13kg
毛　色	ダーク・オレンジと白、黒と白、またはレバーと白。あるいはこれに変則的な白の斑が入っている。

運動量の多さ	★★★★★
吠えやすさ	★★★★☆
性格のおだやかさ	★★★★☆
飼いやすさ	★★★★☆
手入れのしやすさ	★★★★★

沿革と特徴 ブリタニー・スパニエルは、12世紀頃に種的完成をみたフレンチ・スパニエルに改良を加えてつくられました。

フランス北部の狩猟民ブルターニュ族が、アガースと呼んでいた犬種の子孫ともいわれます。

1904年、パリのドッグショーで紹介され、世界的に知られるようになりました。

体は頑丈で均整がとれ、引き締まっています。足は長めで、動きは軽快。生まれつき尾がないか、あっても成犬で10cm程度。嗅覚にすぐれ、サイズ的にはスパニエルに見えますが、能力としては典型的なポインターです。

性　格 明朗、快活で、人見知りをせず、体を動かすのが大好きです。

手入れ それほど手はかかりませんが、飛節の後面と足の周囲の長い毛のブラッシングは念入りに。首の毛を少しトリミングすることもあります。

しつけのポイント 散歩ではリーダーウォークで主従関係を養います。エネルギーにあふれた犬なので、運動不足にならないように注意。アジリティに挑戦してみるのもよいでしょう。

ゴールデン・レトリーバー

原産国	イギリス（スコットランド）
体高	牡56～61cm／牝51～56cm
体重	27～36kg
毛色	ゴールドまたはクリームの色調

運動量の多さ	★★★★☆
吠えやすさ	★★★☆☆
性格のおだやかさ	★★★★☆
飼いやすさ	★★★★☆
手入れのしやすさ	★★★☆☆

沿革と特徴 この犬種が登場したのは19世紀後半で、セターやウェイビー・コーテッド・レトリーバーなどとのミックスが祖先犬であったと考えられています。イエロー・レトリーバーとも呼ばれていましたが、1920年、ゴールデン・レトリーバーの名称に統一されました。

バランスがよく力強いボディをもち、活動的で頑健。本来は、水辺で撃ち落とされた獲物をくわえて持ってくることが役目で、豊かな被毛には水をはじく性質があります。

性格 感覚が鋭く、性格はおだやか。知能、服従性、ともに高く、猟では口にくわえた獲物を傷めないように運んできます。

手入れ 換毛期には抜け毛が多いので、入念なブラッシングが必要。皮膚がデリケートなので、清潔を心がけ、先端の鋭いブラシは避けます。被毛が水をはじくので、シャンプーのときは、全身の毛をたっぷりと濡らし、しっかり泡立てること。

しつけのポイント 温厚な犬ですが、子犬のときはやんちゃで、甘やかしているとかみつきなどのトラブルが起こる場合もあります。わがままを許したまま成犬になると、体が大きいだけに、制御不能になりかねません。散歩デビュー後はリーダーウォークを徹底しましょう。

遺伝的に股関節の悪い犬が多いので健康管理はしっかりと。

ラブラドール・レトリーバー

原産国	イギリス
体高	牡56〜57cm／牝54〜56cm
体重	25〜34kg
毛色	イエロー、ブラック、チョコレート

運動量の多さ	★★★★☆
吠えやすさ	★★☆☆☆
性格のおだやかさ	★★★★★
飼いやすさ	★★★★☆
手入れのしやすさ	★★★★☆

沿革と特徴 カナダのラブラドル半島にいた犬が、タラの塩漬けを運ぶ船でイギリスへ運ばれ、ガンドッグに改良されたのがはじまりといわれています。もともとは、漁師たちが網を引き上げる際、漁網の浮きを捜し出して浜辺に運ぶ仕事をしていました。

安定した気質が信頼され、盲導犬や警察犬、救助犬として活躍する犬も多く、世界中で高い評価を得ています。家庭犬としても理想的です。

筋肉が発達していてたくましい体。たれ耳たれ尾で、短毛が密生した被毛はどんな天候にも耐えられます。泳ぎも得意です。

性格 理解力、忍耐力に優れ、社交的。嗅覚ほかの感覚も鋭いです。服従性、訓練性能もとても高い犬です。

手入れ ブラッシングは皮膚をもちあげ、シワを伸ばしながらしっかりと行ないましょう。皮膚炎を起こしやすいので、シャンプーなどの手入れはこまめにしましょう。

しつけのポイント 盲導犬のイメージがあまりに強いせいか、おとなしい犬と思われがちですが、本来は活発な個体が多い犬種です。

体が大きく、運動能力も高いので、甘やかしていると犬にふりまわされてしまうことも。リーダーウォークをはじめ、服従訓練をしっかりとしましょう。

レトリーバー、フラッシング・ドッグ、ウォーター・ドッグ ❸

フラットコーテッド・レトリーバー

原産国	イギリス
体　高	牡59～61.5cm／牝56.5～59cm
体　重	牡27～36kg／牝25～32kg
毛　色	ブラック、レバー

運動量の多さ	★★★★★
吠えやすさ	★★★☆☆
性格のおだやかさ	★★★★☆
飼いやすさ	★★★☆☆
手入れのしやすさ	★★★★☆

沿革と特徴 祖先犬は、小型のニューファンドランドまたはチェサピーク・ベイ・レトリーバーと考えられていますが、ラブラドールとカーリーコーテッドという説もあります。19世紀後半頃はウェービーコーテッドと呼ばれ、波状毛でしたが、時代が進むにつれ、平滑毛に変わり、フラットコーテッドと呼ばれるようになりました。

　水陸ともに、獲物の回収犬として重宝されてきた犬種です。体長と体高がほぼ同じで、たれ耳たれ尾。力強さとエレガントさをあわせもった姿をしています。

性　格 人なつっこく、忠実、猟においては大胆ですが、家庭では温和で細やかな性格をもつ犬です。

手入れ 光沢のある被毛を維持するには、ブラッシングを欠かさずに。とくに胸、前肢、尾の飾り毛はていねいにブラッシングしましょう。

しつけのポイント 服従性、訓練性能とも高い犬種ですが、ラブラドールやゴールデンにくらべると、やや落ち着きがない面があります。

　子犬期からの服従訓練をしっかりと行ないましょう。散歩では、リーダーウォークでしっかり歩くことが大切です。

アメリカン・コッカー・スパニエル

原産国	アメリカ合衆国
体高	牡36.85〜39.35cm/牝34.35〜36.75cm
体重	11〜13kg
毛色	ブラック（黒一色と、黒にタン・ポイントのあるもの）、アスコブ（黒以外の一色と、タン・ポイントのあるもの）、パーティ・カラー、タン・ポイント。

運動量の多さ	★★★★☆
吠えやすさ	★★★☆☆
性格のおだやかさ	★★★☆☆
飼いやすさ	★★☆☆☆
手入れのしやすさ	★☆☆☆☆

沿革と特徴 1620年、メイフラワー号に乗った移民たちとともに、スパニエル犬がはじめてアメリカの地を踏みました。その中に猟用のスパニエルとは別タイプの愛玩用として飼育されたマールボロー系のスパニエルがいて、この犬をもとにアメリカン・コッカー・スパニエルがつくり出されたとされます。

ディズニーが製作した映画『わんわん物語』でアメリカン・コッカー・スパニエルが主人公となったことから、一躍人気犬種となりました。

鳥猟犬の流れをくむものとしては、もっとも小さな犬種。彫りの深い顔立ちで、耳は長くたれ下がっています。首はすっと長く、力強い四肢がまっすぐに伸びているのが特徴。耳、胸、下腹、四肢に飾り毛があり、尾は適度に断尾されます。

性格 もの覚えがよく、飼い主にとても従順。訓練性能も高い犬種です。

手入れ チャームポイントの長くたれた耳は、汚れやすく、毛玉にもなりやすいです。耳の病気にもなりやすいので、耳の手入れはとくに念入りに。トリミングも必要です。

しつけのポイント 愛らしい見た目とはうらはらに、気が強い面もあります。甘がみはけっして放置せず、子犬期からホールドスティル&マズルコントロール、タッチングをしっかりすること。成犬には、リーダーウォークを徹底することで主従関係を養います。

コーイケルホンディエ

運動量の多さ	★★★★☆
吠えやすさ	★★☆☆☆
性格のおだやかさ	★★★★☆
飼いやすさ	★★★★☆
手入れのしやすさ	★★★★☆

原産国	オランダ
体　高	約35〜40cm
体　重	9〜11kg
毛　色	ホワイトの地色に、鮮明なオレンジ・レッドの斑。

沿革と特徴 鴨や雁《がん》をおびきよせる猟に使われていた小型のスパニエル。犬種の起源は、少なくともオレンジ公ウィリアムの時代（17世紀）までさかのぼるといわれます。

一時は絶滅の危機に瀕しましたが、第一次、第二次世界大戦間中に愛犬家の努力によって復活しました。

今なお鳥猟犬として活躍し、獲物をおびきよせるときは、ふさふさとした尾を使い、ユーモラスな動きを見せるといわれます。

胸は適度に深く、体高と体長はほぼ同じくらい。耐水性の、豊かなオーバーコートが全身を覆い、耳には独特の黒い飾り毛が生えています。本書の写真の犬は子犬です。

性　格 好奇心旺盛ですが自制心も強いのが特徴。服従性は高く、社交的で温和な犬種です。

手入れ 耳の黒い飾り毛、後肢の尻部の飾り毛のブラッシングはとくに念入りにしましょう。

しつけのポイント 子犬期の社会化のしつけ（P26）、ホールドスティル、タッチングなどのしつけを十分にすること。散歩デビュー後は、リーダーウォークを実践して、従属心を養いましょう。

チワワ

運動量の多さ	★★★☆☆
吠えやすさ	★★★★☆
性格のおだやかさ	★★★☆☆
飼いやすさ	★★★★☆
手入れのしやすさ	★★★★★

原産国	メキシコ
体高	15〜23cm
体重	500g〜3kg
毛色	フォーン(金色がかった色)、ブルー、チョコレート、ブラック、ブラック・タン、レッド、ブロンズなど。

沿革と特徴 チワワの起源ははっきりしません。犬種名は、19世紀にはじめてアメリカにチワワを輸出した、メキシコの都市の名からとられました。現在の種は、アメリカで改良固定されたものです。もともとは食用犬だったという説もあります。

世界最小の犬種。丸みのあるアップルドーム型の頭部、丸くぱっちりとした目、比較的大きな耳など、特徴的で愛らしい顔立ちをしています。

毛の長いロング・コートタイプと、短いスムース・コートタイプの2種類がいますが、両者のちがいは被毛だけです。

性格 体に似合わず、勇敢です。友好的で忠実で、人間に愛されることをなによりも好みます。やや神経質な面もあります。

手入れ 抜け毛が多いので、ブラッシングを怠らないこと。とくにロング・コートタイプは飾り毛もたんねんに手入れしましょう。

寒さに弱いので、冬期の夜から朝にかけては暖房などの工夫を。

しつけのポイント 強気でありながら神経質という、小型犬に典型的な性格です。子犬の頃から社会化のしつけ(P26)をしっかりと行ない、おおらかな犬に育てましょう。ホールドスティルやリーダーウォークで、従属心を養うことも大切です。

軽くて愛らしいので、いつも抱いていたくなりますが、抱きぐせをつけてしまうと、気位が高くなり、わがままな犬になってしまいます。

トイ・プードル

原産国	フランス
体　高	28cm以下
体　重	3kg前後
毛　色	黒、白、ブラウン、レッドなど。

運動量の多さ	★★★☆☆
吠えやすさ	★★☆☆☆
性格のおだやかさ	★★★★☆
飼いやすさ	★★★★★
手入れのしやすさ	★☆☆☆☆

沿革と特徴 プードルは、水辺の猟を得意としていたドイツの犬が先祖といわれます。16世紀頃から、フランスの上流階級の婦人に愛されるようになって、ミニチュア・プードルがつくり出され、ルイ16世の時代（18世紀後半）にはすでに、トイ・プードルもつくり出されていました。

　優雅で気品に富んだ容姿。スクエアで均整のとれた体。独特のトリミングは、水猟犬時代に浮力をつけたり、関節部分を守るためにほどこされるようになり、しだいに美的な要素が加味されるようになったものです。通常、2分の1程度に断尾されます。

性　格 明るく、遊び好き。服従性、訓練性能ともによく、気持ちは安定しています。飼い主の顔色を読む頭のよさもあります。

手入れ 毛は硬くカールしており、定期的なトリミングが必要。カットはトリマーにまかせることをおすすめします。現在は水中で仕事をするわけではないので、かならずしもプードルカットにする必要はありません。涙やけ（目のまわりが赤茶色になる）しやすいので、涙が出たら、こまめに拭いてあげましょう。

しつけのポイント 手入れさえきちんと行なえば、精神的にも安定していて、サイズも手ごろ。非常に飼いやすい犬といえます。リーダーウォークを実行して従属心を育てることが大切です。

パピヨン

原産国	フランス、ベルギー
体高	28cm以下
体重	1.6～2.2kg
毛色	白地に黒または茶の斑、トライカラー。

運動量の多さ	★★★★☆
吠えやすさ	★★★★☆
性格のおだやかさ	★★★☆☆
飼いやすさ	★★★★☆
手入れのしやすさ	★★★★☆

沿革と特徴 祖先はエパニエルナン（一寸法師のスパニエル）と呼ばれた、スペインの小さなスパニエルの一種。フランスのルイ14世時代（17世紀半ば～18世紀初）に宮廷で大人気となり、その後もポンパドゥール夫人や、マリー・アントワネットの寵愛を受けました。

パピヨンとはフランス語で「蝶」という意味。美しい飾り毛のついた立ち耳が、蝶が羽を広げたように、頭部の側面に斜めについています。たれ耳タイプはファーレン（フランス語で蛾のこと）と呼び、ヨーロッパでは別犬種とされます。

足腰はしっかりとして健全な骨格をもっています。全身を絹糸のような被毛に覆われ、胸、尾、四肢などにもたっぷりと飾り毛があります。

性格 鳥猟犬種であるスパニエルの血を引いているため、可憐な外見に似合わないほど活発で大胆。もの覚えがよく好奇心旺盛で友好的です。小型犬特有の神経質なところもありません。

手入れ 被毛は豊かですが、シングルコートで抜け毛は少ないので、毎日のブラッシングさえきちんと行なえば、手入れは比較的簡単。トリミングも不要です。

しつけのポイント とにかく活発で行動的。甘やかしていると、へとへとになるまで振りまわされかねません。子犬のときから、ホールドスティル、タッチング、リーダーウォークなど、従属心を高めるしつけをしっかりしましょう。運動能力が高くアジリティにも向いています。

マルチーズ

運動量の多さ	★★☆☆☆
吠えやすさ	★★★★☆
性格のおだやかさ	★★★☆☆
飼いやすさ	★★★★☆
手入れのしやすさ	★★☆☆☆

原産国	中央地中海沿岸地域
体高	20～24cm
体重	牡牝とも3.2kg以下
毛色	純白、淡いタン、レモン色

沿革と特徴 紀元前にフェニキア人により地中海のマルタ島にもちこまれた犬種。やがてシシリア島を経てヨーロッパ各国に紹介されました。15世紀頃からフランスで婦人の愛玩犬となり、19世紀にイギリスへもたらされました。ヴィクトリア女王もマルタ島からこの犬を取り寄せ、かわいがったといわれ、19世紀末にはイギリスで大流行しました。

日本では、1968年から1984年まで、登録犬のトップを誇っていました。

絹糸状で純白のまっすぐな被毛は、体の両側にたれ下がり、毛は鼻先から尾のつけ根まで、びっしりと生えています。

性　格 快活で遊び好き。子供にもよくなれます。飼い主には甘えん坊です。

手入れ 抜け毛は少ないのですが、純白の毛は汚れやすく、長い毛は放っておくとからんでしまうため、定期的なブラッシング、シャンプーは欠かせません。トリミングは必要ですが、ドッグショーに出さないのならば、短くカットしてしまってもよいでしょう。

しつけのポイント 体が小さい分、いろいろなものにおびえて吠える傾向があります。子犬のときに社会化のしつけ（P26）を十分に行なっておきましょう。タッチングやリーダーウォークも大切なしつけです。

シー・ズー

原産国	中国（チベット）
体　高	26.7cm以下
体　重	4.5kg〜8.1kg
毛　色	ハニー・ゴールドほか、あらゆる色がある。

運動量の多さ	★★☆☆☆
吠えやすさ	★★☆☆☆
性格のおだやかさ	★★★★★
飼いやすさ	★★★★★
手入れのしやすさ	★★☆☆☆

沿革と特徴 中国の王宮で数百年にわたり飼育されていたペキニーズとラサ・アプソの交配により誕生したとされます。神の使者としてあがめられ、獅子狗（シー・ズー・クウ）と呼ばれていました。

1930年、イギリス人の旅行者が中国からもち帰ってヨーロッパに紹介されましたが、当初はラサ・アプソとの区別が明確でなく、同一犬種として扱われました。

全身が長い毛で覆われ、目も鼻も大きな耳も覆い隠しています。頭部は幅広く丸く、両目の間隔は開いているのが特徴。前肢、後肢とも骨太でしっかりとしていて、たっぷりと飾り毛のある尾のつけ根は高く、背の上に巻き上げています。

性　格 小型犬の中では、いちばんおっとりしていて、おだやかで安定した性質です。社交性に富み、従順でもの覚えもよく、とても飼いやすい犬です。

手入れ 毛がもつれやすく、抜け毛もやや多いので、できれば1日2〜3回のブラッシングを心がけましょう。トリミングはショートヘアやサマーカットにすると、手入れも楽になります。脂性体質の個体が多く、肌や耳のトラブルを起こしやすいので、つねに清潔に保つよう心がけてください。

しつけのポイント シー・ズーは、とても甘え上手です。わがままにさせないようリーダーシップをとり、主従のけじめをきちんとつけましょう。

キャバリア・キング・チャールズ・スパニエル

原産国	イギリス
体　高	30.5～33cm
体　重	牡牝とも5.4～8kg
毛　色	ブラック・タン、ルビー、ブレンハイム（赤と白）、トライカラーなど。

運動量の多さ	★★★☆☆
吠えやすさ	★★☆☆☆
性格のおだやかさ	★★★★☆
飼いやすさ	★★★★☆
手入れのしやすさ	★★★★☆

沿革と特徴 キング・チャールズ・スパニエルより少し大きく、目と鼻が離れており、マズル（口吻《こうふん》）が長いのが特徴。1828年、キング・チャールズ・スパニエルが中世の頃の面影を失ったことから、犬種本来のタイプを復活させる運動が起きました。こうして誕生したのが、キャバリア・キング・チャールズ・スパニエル。「キャバリア」とは、中世の騎士（ナイト）のことです。

キング・チャールズ・スパニエルが「カーペット・ドッグ」と言われたのに対し、戸外の犬舎でも飼える犬をつくることも、作出の目的のひとつだったといわれます。

性　格 明るくておっとりとした性格。はじめて犬を飼う人でも飼いやすい犬種です。誰にでも友好的なので、番犬には向きません。

手入れ 絹糸のような長い被毛は1日1回ブラッシングを行ない、耳のうしろの飾り気はとくに念入りに。

たれ耳なので、耳の中を清潔に保つことも大事です。

しつけのポイント 従順で扱いやすい犬なので、高齢者だけの家庭や子どもがいる家庭にも向いています。ただし、甘やかすのは禁物。飼い主がリーダーであることをいつも忘れずに接しましょう。

フレンチ・ブルドッグ

原産国	フランス
体高	牡牝とも30cm前後
体重	8〜14kg
毛色	各種のブリンドル（主たる地色に他の色の差し毛があるもの）、ブリンドルと白、フォーンなど。

運動量の多さ	★★★☆☆
吠えやすさ	★★☆☆☆
性格のおだやかさ	★★★☆☆
飼いやすさ	★★★★☆
手入れのしやすさ	★★★★★

沿革と特徴 19世紀半ば、イギリスからフランスへ渡った職工が連れてきた小型のブルドッグに、テリアやパグを配してつくり出されました。

20世紀初頭までは、コウモリ耳（バット・イヤー）とローズ耳（ブルドッグのように内耳の見える小さなたれ耳）の2つのタイプがありましたが、やがてコウモリ耳が標準になりました。

角型の頭部、広く短い獅子鼻、大きく丸い目、上に突き出した下あごなど、独特の愛嬌のある顔をしています。ぴんと立ったコウモリ耳は断耳ではなく、生まれつきのもの。ずんぐりとした体をなめらかな短毛がおおっています。

性格 おちゃめで元気いっぱい。祖先は闘犬ですが、攻撃性は見られません。大型犬にも動じない大胆さをもっていますが、飼い主をひとりじめにしたがる甘えん坊でもあります。

手入れ ふだんの手入れは、ぬるま湯にひたし、固くしぼったタオルで拭くだけで十分。顔のシワもていねいに拭いてあげましょう。

しつけのポイント 食欲旺盛の個体が多いので、食べものを与えすぎないように注意。飼い主以外にはそっけない面があります。子犬のときから多くの人にかわいがってもらい、いろいろな動物になれさせておきましょう。

パグ

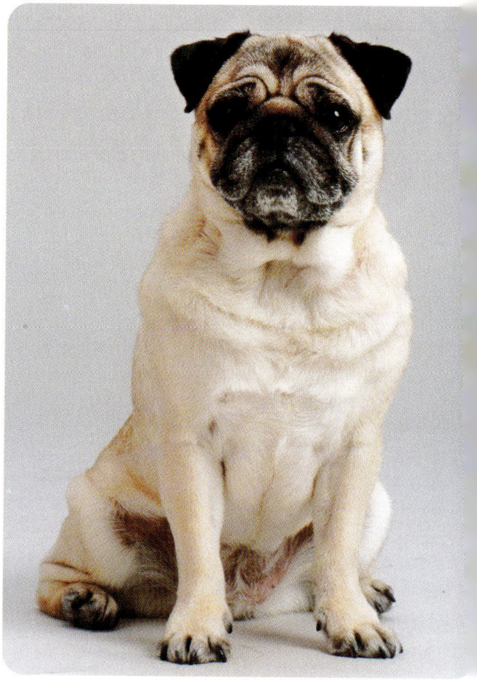

原産国	中国
体高	25～28cm
体重	6.3～8.1kg
毛色	シルバー、アプリコット、ブラック、フォーン。後頭部から尾部まで黒い線があり、パグのトレースと呼ばれる。

運動量の多さ	★★★☆☆
吠えやすさ	★★☆☆☆
性格のおだやかさ	★★★★☆
飼いやすさ	★★★★☆
手入れのしやすさ	★★★★★

沿革と特徴 中国の古い愛玩犬。ペキニーズなどと同じ祖先犬をもつといわれます。東インド会社を通じて、イギリスにもたらされるや、貴族の夫人たちに愛され、たちまち人気犬種となり、ウィリアム3世（1650～1702）、ロシアのエカテリーナ2世（1729～1796）などの寵愛を受けました。

パグとは、ラテン語でにぎりこぶしのこと。頭部の形がにぎりこぶしに似ているところから、この名がついたとされています。

筋肉がよく発達した、スクエアな小型犬です。口吻は短く、額には特徴的な深いしわが刻まれています。

性格 誰とでもなかよくできる、おっとりとした性格。大胆さとしんぼう強さをもちあわせています。

手入れ 顔の深いシワは、不潔にしていると雑菌がたまり、皮膚病の原因となってしまいます。犬用の消毒液をコットンに含ませ、こまめに拭いてあげましょう。

短い鼻の構造上、呼吸するのが大変で、小型犬の中では、いちばん暑さに弱い犬種でもあります。夏場はエアコンの除湿などを利用し、過ごしやすい環境を保つようにしてください。

しつけのポイント 自尊心が強い面があるので、上手にほめながらしつけを行なうことが大切です。

ブリュッセル・グリフォン

原産国	ベルギー
体高	18〜20cm
体重	牡牝ともに、大型3.5〜4.5kg／小型1.4〜3.2kg
毛色	赤みがかったブラウン。

運動量の多さ	★★★☆☆
吠えやすさ	★★★☆☆
性格のおだやかさ	★★★☆☆
飼いやすさ	★★★☆☆
手入れのしやすさ	★★★★☆

沿革と特徴 15世紀頃からベルギーにいた犬に、パグとアーフェンピンシャーが配されて品種改良されました。もともとは長い尖った口吻をしていたようです。19世紀には辻馬車の御者台にこの犬をのせて走るのが流行したこと、馬小屋のネズミ退治を得意としたことから、「厩舎《うまや》のグリフォン」と呼ばれました。ベルギーの歴代王室にも寵愛されています。

顔の飾り毛は口ひげをはやしているようで、上を向いた鼻、黒く大きな瞳とあいまって、どこか人間っぽい風貌をしています。被毛にはラフとスムースがあり、断尾、断耳されます。

性格 気立てがよく、楽しいことが大好き。もの覚えもよいですが、プライドが高い一面もあります。

手入れ ラフの毛質はバリバリとした針金状。体臭もあるので、シャンプーの際は、地肌をマッサージするようにていねいにやりましょう。

しつけのポイント 子犬のときはやや繊細ともいわれます。なるべく早い時期から、社会化のしつけ（P26）をすること。リーダーウォークなどで従属心を育てていきましょう。

イタリアン・グレーハウンド

運動量の多さ	★★★☆☆
吠えやすさ	★★☆☆☆
性格のおだやかさ	★★★★☆
飼いやすさ	★★★★☆
手入れのしやすさ	★★★★★

沿革と特徴 視覚で狩りをするサイトハウンドの中では、もっとも小さな犬です。

イタリアン・グレーハウンドの歴史は、グレーハウンド同様、紀元数千年前のエジプトや古代ギリシアの時代までさかのぼることができます。大噴火で埋没したポンペイの遺跡から、鎖でつながれた化石が発見され、当時、一般的に飼育されていたと考えられます。17世紀にイギリスでやや小型化されただけで、昔からタイプにほとんど変化はありません。中世から近世にかけて、ヨーロッパ各国の王室で愛されました。

グレーハウンドを小型化した、スマートな容姿。広く厚い胸は、小さくてもタフであることの証しです。毛質は薄く短くなめらかで光沢があります。

性　格 やや内気ではにかみやです。運動好きで、感覚は鋭敏。愛情深く、従順です。

手入れ 短毛のため、室内で飼うのが基本。寒い時期には暖房などの工夫も必要です。細い尾の先は凍傷になりやすいので注意しましょう。

しつけのポイント 自己主張が少なく、飼いやすい犬です。内気なところもあるので、生後3か月までの社会化期にいろいろな経験をさせておきます。

運動好きな犬ですが、改良で骨が細くなり、形態的にもろい面がありますので気をつけましょう。

原産国	イタリア
体　高	牡牝ともに32～38cm
体　重	牡牝ともに5kg以下
毛　色	ブラック、グレー、スレート・グレー、イエローなどの単色と、これらの色に白がまじったもの。

●撮影協力ワンコ&飼い主さん●

ミューズリー&このは（小澤世里香）／ダキ&パズ（堀水　薫）／クレア（福田　睦）
悟空（金城　綾）／のあ&ひな(衛藤高寿）／まろん（須田北斗・的場綾女）／はんぞう（松崎礼子）
篤郎（高岩友美）／小夏（横川加代）／RYO&ヴィーナス（荒木リエ）／ショコラ（賀来弘美）
ラルフ（小川里奈）／えん（菅井悦子）／うめ（佐藤美帆）／エルマー&コロンボ（高木加奈）
空（川邉優子）／銀汰（宮谷英里）／キャンディス（石原美紀子）／ドーニ（蒔田美樹）

テディ・ピーター・ひよこ・シジミ・ププ・ペペ・ミック・ボー・カープ・ポチ・ミルク・ピン子・いごまる・
あや・あい・ハイジ・ルーカス・シド・じゃいこ（㈱オールドッグセンター）

Special thanks to … 野村道子

●STAFF●

写真　木村 純（日本文芸社）／中村宣一
本文デザイン　岩嶋 喜人（Into the blue）
本文イラスト　池田 須香子
テキスト　水尾裕之
構成・編集　小沢 映子（Garden）

藤井　聡

（ふじい・さとし）

オールドッグセンター全犬種訓練学校責任者。日本訓練士養成学校教頭。ジャパンケネルクラブ公認訓練範士。日本警察犬協会公認一等訓練士。日本シェパード犬登録協会公認準師範。訓練士の養成を行なう一方で、国内外のさまざまな訓練競技会に出場。98年度はWUSV（ドイツシェパード犬世界連盟）主催訓練世界選手権大会日本代表チームのキャプテンをつとめ、個人で世界第8位、団体で世界第3位に入賞。家庭犬のしつけや問題行動の矯正にも取り組んでおり、各地で講演なども行なっている。主な著書に『パピヨン　はじめてのしつけ』（日本文芸社）、『「しつけ」の仕方で犬はどんどん賢くなる』（青春出版社）などがある。

犬の気持ちがわかれば　しつけはカンタン!

著　者　藤《ふじ》井《い》　聡《さとし》

発行者　西沢　宗治

印刷所　玉井美術印刷株式会社

製本所　株式会社越後堂製本

発行所　株式会社日本文芸社

〒101-8407　東京都千代田区神田神保町1-7

TEL　03-3294-8931［営業］　03-3294-8920［編集］

振替口座　00180−1−73081

Printed in Japan　112050705−112090315Ⓝ11

ISBN978-4-537-20369-1（編集担当:三浦）

URL　http：//www．nihonbungeisha.co.jp